# 화재신호처리와 보안응용

## Fire Signal Processing Eng & Security

백동현 · 김시국 지음



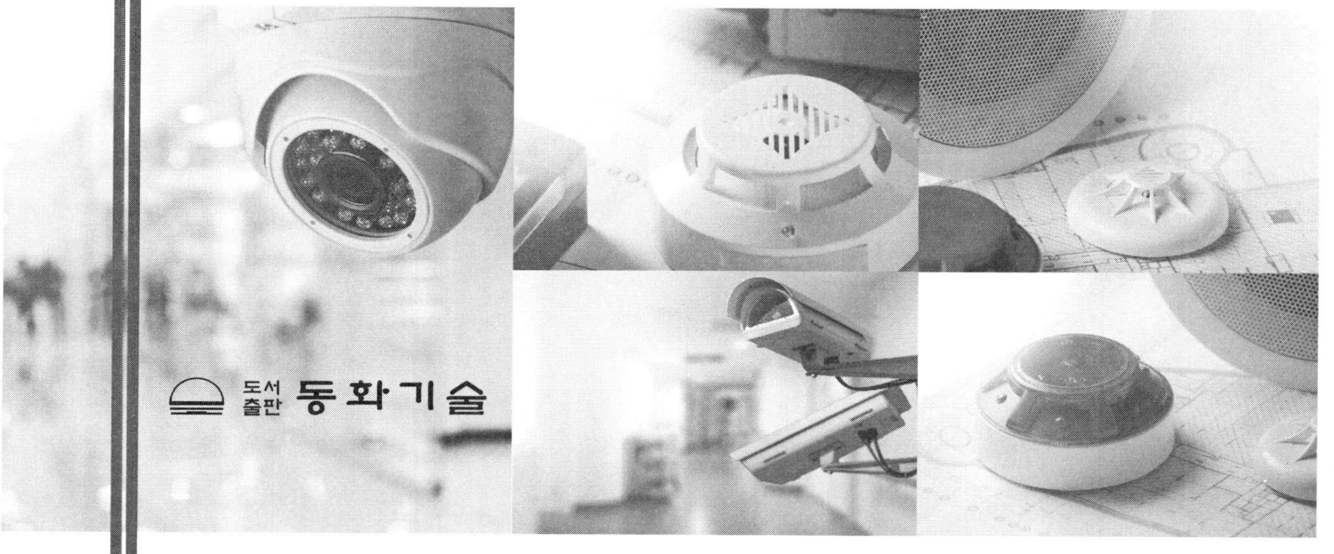

도서출판 동화기술

# 머리말

화재를 감지하는데 사람의 눈과 같은 역할을 하는 화재감지기는 인지는 하더라도 판단하는 능력이 없으므로 이를 전기적 신호로 변환하여야 한다.
이제까지는 단일신호에 의한 단일전송을 행하였으나 기술의 발달은 아날로그감지기나 어드레스감지기를 탄생시켜 화재시 발생되는 열이나 연기 및 빛을 예비신호, 동작신호, 연동신호로 나누어 전송하거나, 고유번호를 갖게 하여 시그널 번호별로 화재구역을 알 수 있도록 하고 있다.
이는 신호의 다중화를 의미하며 신호 수가 많아짐을 뜻한다. 이는 상황별로 전송되는 신호를 어떻게 처리하느냐 하는 방법을 요구하는 것으로 첨단 기능의 화재감지기와 네트웍에 의한 컴퓨터처리로 해결할 수밖에 없다.
그것은 지금까지의 P형 수신기에 의한 화재경보 시스템은 하급기술로 전락하고 있음을 반증하는 것으로 R형 시스템에 의한 화재신호처리를 하여야 화재시 정확하고 확실하게 상황을 알 수 있으며 신속히 대처할 수 있음을 뜻한다.
첨단화되는 설비에 쉽게 적응하기 위해서는 기초적인 기술이라도 접해야 가능할 것이란 판단 아래 교육과정에 화재신호처리 및 보안강좌를 개설하였으나 교재가 없어 배우는 학생이나 교수하는 데에 여러 가지 애로사항이 많았다.
이를 보완하고자 본 교재를 집필하였으나 마감하고 보니 많은 아쉬움이 있다. 이는 좀 더 보완해야 함을 일깨워주는 것으로 강의를 진행하며 필요한 부분은 보완하여 알차게 엮고자 한다.

본 교재는 총 7장으로 구성하였다.

1장은 신호들의 종류와 이산화과정을 다루어 개념을 파악할 수 있도록 하였으며 신호처리에 필수적인 신호인 아날로그신호와 디지털신호에 중점을 두었다.

2장은 신호를 처리해야하는 시스템에서의 상황을 설명하였다. 기초를 다지는데 필요하므로 수학적인 개념을 정립할 필요가 있다.

3장은 시스템에서 연속시스템과 이산시스템의 특징을 비교하여 시스템에서 주안점을 가지고 관찰하여야 할 내용들을 설명하였다. 아울러 시스템의 연결방법이나 특성 등을 간략히 다루어 시스템 구성시 참고가 되도록 하였다.

4장은 데이터의 처리에 있어 신호변환방법이나 처리기술, 부호화시키는 방법에 대해 서술하여 이론을 이해토록 하였다. 아울러 생성된 데이터를 전송하는데 알아야 할 내용을 기술하였다.

5장은 네트웍의 기초가 되는 통신망 기술에 대해 Topology와 교환기술, Protocol과 계층구조 및 계층 상호간의 작용 등에 대해 설명하였다. 이 장에서는 개념 파악만 하면 될 것으로 생각한다.

6장은 종합 방재센터에서 적용하고 있는 Network을 간략히 소개하여 응용하고 이해하는데 도움이 되도록 하였다. 이 장에서 다룬 것은 인천국제공항을 예로 한 것으로 공항 특성상 자세히 설명하지 못하고 개략적으로 소개한 것을 양해하여 주기 바란다.

7장은 근래 각광받고 있는 보안(Security)에 대한 이해를 돕고 타분야와 대화시 소통이 쉽도록 실제 적용에 대하여도 공부할 수 있게 하였다.

모쪼록 이 교재가 학생들이나 일반인들에게 첨단화·정보화되고 있는 경보설비의 신호처리 및 영상화재감지기와 함께 보안설비와도 연계되어 있으므로 보안응용에 대한 이해에 조금이라도 도움이 되었으면 하는 바램이다.

저 자

# 차례

## Chapter 2 이산시스템처리



## Chapter 3 시스템

# Chapter 1
# 신호처리

## 1 신호처리(signal processing)의 필요성

우리가 사용하고 있는 가전기기나 기계에서 평상시와 다른 이상한 소리가 난다고 하면 그 소리에 따라 기계의 불량 여부를 알 수 있는 경우가 많다.

그 소리에 따른 판단은 숙련된 전문가일수록 정확하게 알 수 있다. 이와 같이 소리의 신호 중에 기계의 상태를 알리는 정보(information)가 있다고 한다면 이 정보를 컴퓨터에 입력시켜 전문가 대신 기계의 이상 상태에 대한 진단을 할 수 있다. 예를 들면 산업 현장에서 선반가공기용 절삭 공구의 교환 시기를 판단하는데 있어서 선반가공기의 절삭음을 신호처리하는 방법으로 그 시기를 결정하고 있다.

이와 같이 신호를 이용하여 판단 대상의 상태를 판정하려고 할 때 신호처리를 이용한 방식이 유용하게 사용될 수 있다. 또한 음성신호(voice signal)를 전송(transmission)시키고자 할 경우에 잡음이 커서 전송시키고자 하는 소리를 선택할 수 없거나, 화상 및 텍스트(text)의 전송에 사용되는 팩스밀리(facsimile)에 있어서 그 전송화상이 잡음에 의해 선명하지 않을 경우가 발생할 수 있다. 이때에 불필요한 잡음을 제거하고 필요한 신호를 취하고자 할 때, 또는 신호가 명확하게 되도록 개선하고자 할 경우에도 신호처리가 필요하다. 더욱 화재신호는 화재인 경우와 화재가 아닌 경우를 잘 구별할 수 있어야 한다. 그러나 인간의 눈으로 보고 생각하며 이를 판단할 수 있으나 기술적으로 정해진 값에 따라 동작하는 기기인 화재감지기는 그렇지 못하다. 그럼에도 우리는 이를 간과하고 있기 때문에 비화재보 방지가 얼마나 중요한 것인지도 모르고 감지기 탓만 하는 게 현실이다. 물론 기술이 발달함에 따라 AI기능을 갖추면 어느 정도 비화재보의 예방이 가능할 것이나 이러한 기능으로 화재감지기의 값이 비싸지면 소비자는 이를 구입하려 하지 않고 기능이 적지만 가격이 저렴한 것을 선택한다는 것이다.

대개 가전기기나 필요용품들은 성능이나 디자인이 좋으면 가격이 비싸도 구입하지만 화재 발생시에만 필요한 화재감지기는 성능이 좋아 가격이 비싸면 구입하지 않고 가격이 싼 최저 기능의 것을 선택하는게 대부분이다. 그래서 법에서 정한 규정대로만 한다고 하여 법정 구비품이라고도 한다. 이러한 환경에서 비화재보를 감소시키고자 하는 일은 한계가 있다. 물론 법으로 정하면 된다고 할 수 있겠지만 건축경비를 적게 들게 하고자 하는 심리와 기술력이 약한 업체의 반대를 극복해야 한다. 그렇지 않으면 화재 발생시 화재를 신속히 감지하지 못하는 경우가 많은 상황은 계속 반복될 것이며 기술력 개발도 되지 않는다. IT강국이라고 하면서도 이를 활용하지 않고 제도적 부분을 늦게 하면 앞으로 나갈 수 없다. 이제 무선식으로도 할 수 있게 제도가 개정되었으므로 화재감지기도 무선시스템이 적용되어야 한다.

근본적으로 소방경보시스템의 화재신호원인 화재감지기가 접점을 On, Off시킨다는 의미만 갖고 적용하는 것이 아니라 화재시 발생되는 생성물에 동작하는 원리를 잘 이해한 접점의 On, Off를 생각하여야 한다. 아울러 소화설비 및 피난, 제연, 방범설비와의 연동신호처리로 일상생활의 AI화에 따른 효과를 극대화 시킬 필요가 있다.

# 2 신호(signal)

정보를 전송하는 파형을 신호라 한다. 신호는 통신(communication), 음성(voice), 화상기술(image technology) 등의 첨단 과학기술에 매우 중요한 역할을 하는 것으로써 물리적 시스템(system)의 동작 상태에 관한 정보에 대해 시간, 위치 등의 함수(function)로 표현된다. 압력, 속도, 온도 등과 같은 물리량은 시간적 또는 위치적 변화가 비전기적인 양일지라도 대부분 전기 신호(electric signal)로 바꾸어 처리하여 일방적으로 시간에 따라 변화하는 전압이나 전류로 나타낼 수 있다. 따라서 음성신호도 시간에 따라 변화하는 파형으로 나타낼 수 있으며, 화상신호(image signal) 화면의 좌표에 따라 변화하는 밝기로 표시된다. 그러므로 신호처리 기술은 전기 및 전자 분야뿐만 아니라 모든 과학 기술 분야에 공통적으로 적용된다고 할 수 있다.

## 2.1 화재신호

화재신호원으로는 열, 연기, 불꽃에 의하여 이를 감지한 감지기가 그 역할을 한다. 이에는 다음의 것이 있다.

### 2.1.1 열감지기

(1) 차동식

가. 차동식 스포트형 감지기 : 주위온도가 일정한 온도상승율 이상이 되는 경우에 작동하는 것으로서 일국소에서의 열효과에 의해 동작하는 감지기이

다. [그림 1.1]은 이의 동작신호이다.

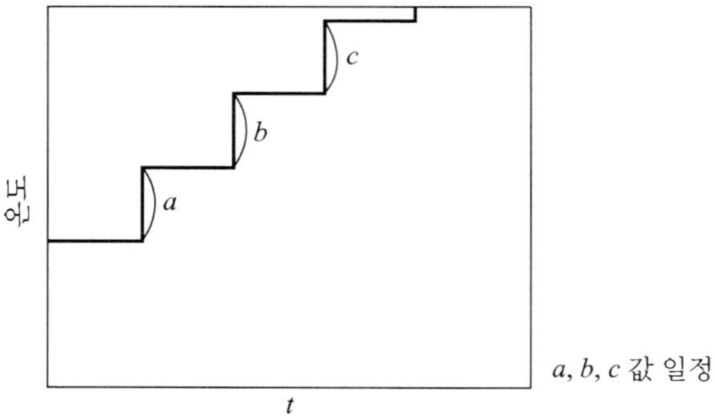


[그림 1.1] 차동식 감지기의 동작신호

나. 차동식 분포형 감지기 : 주위온도가 일정한 온도상승율 이상이 되는 경우에 작동하는 것으로서 광범위한 열효과의 누적에 의해 동작하는 감지기이다. 공기관식, 열전대식, 열반도체식이 있다.

(2) 정온식

가. 정온식 스포트형 감지기 : 일국소의 주위 온도가 일정한 온도 이상이 되는 경우에 동작하는 것으로서 외관이 전선으로 되어 있지 않은 감지기를 말한다. 바이메탈을 이용한 것, 금속의 팽창계수를 이용한 것, 반도체를 이용한 것, 가용절연물을 이용한 것이 있다.

나. 정온식 감지선형 감지기 : 일국소 또는 감지선 주위 온도가 일정한 온도 이상이 되는 경우에 가용절연물이 녹아 동작하는 것으로서 외관이 전선으로 되어 있는 감지기를 말한다.

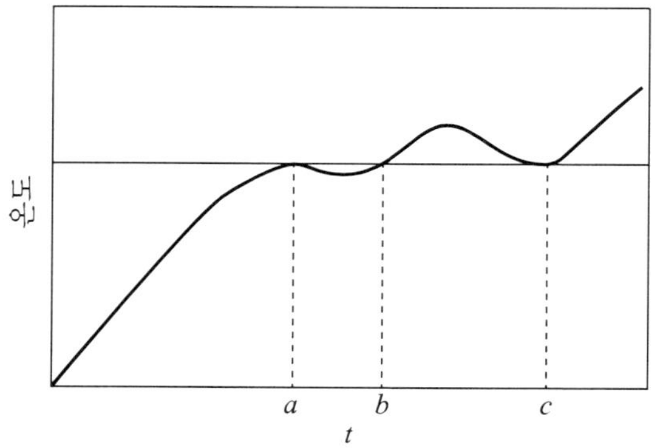


*a*, *b*, *c* : 모두 신호원이나 감지기 설정값에 따라 1개의 신호선정

[그림 1.2] 정온식감지기의 동작신호

다. 광센서 선형 감지기 : 광센서 중계기에서 발생하는 레이저펄스가 광센서

선형 감지기에 입사되면 광섬유내의 Glass 격자들인 SO로 인해 빛의 산란이나 흡수가 발생한다. 이때 발생된 Ramsn산란광을 이용하여 온도에 따른 특성변화를 이용한 것이다.

(3) 보상식

보상식 스포트형 감지기는 차동식 스포트형 감지기와 정온식 스포트형 감지기의 성능을 겸한 것으로서 두 가지 성능 중 하나의 기능이 성립되면 동작신호를 발하는 감지기이다.

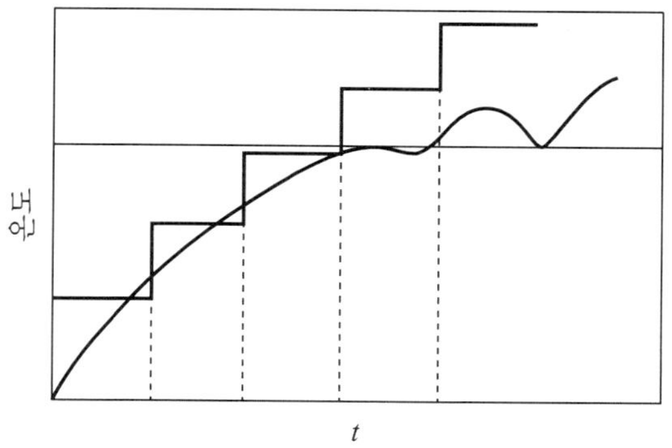


[그림 1.3] 보상식감지기의 동작신호

### 2.1.2 연기감지기

연기는 연소물, 연소조건에 의해 입자도 분포는 [그림 1.4]와 같이 크게 다르게 되며 반응감도도 [그림 1.5]와 같이 다르게 된다.

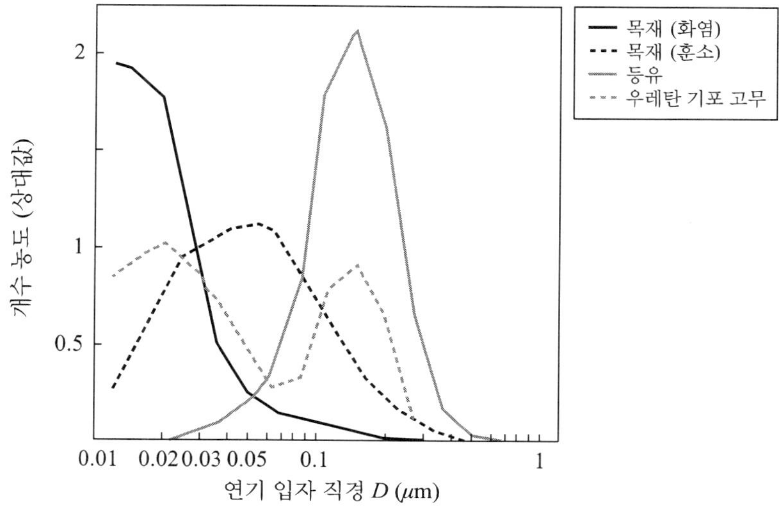


[그림 1.4] 연소재료별 연기 입자도

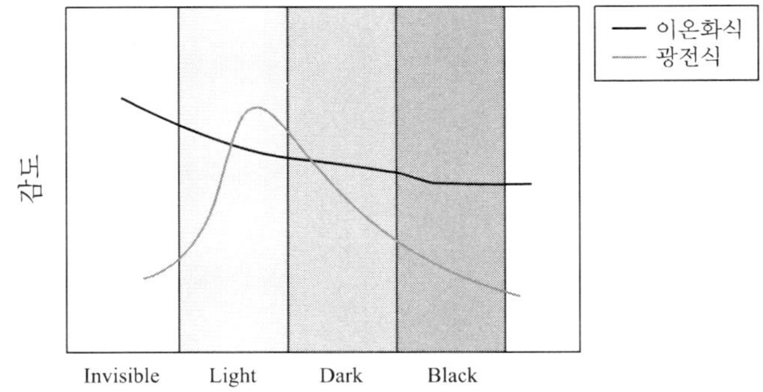


[그림 1.5] 반응감도

(1) 이온화식 감지기 : 주위의 공기가 일정한 농도의 연기를 포함하게 되는 경우에 작동하는 것으로서 일국소의 연기에 의하여 이온전류가 변화하는 것을 감지하여 신호를 발신하는 감지기이다. [그림 1.6]은 전류특성곡선이다.

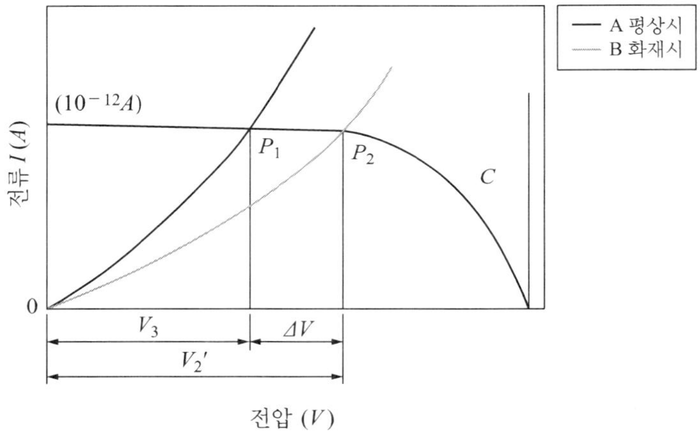


[그림 1.6] 이온화식 감지기의 전류특성곡선

(2) 광전식 감지기 : 주위의 공기가 일정한 농도의 연기를 포함하게 되는 경우에 작동하는 것으로서 일국소의 연기에 의하여 광전소자에 접하는 광량의 변화로 신호를 발신하는 감지기이다. 스포트형 감지기, 광전식 분리형감지기 등이 있다.

### 2.1.3 복합형 감지기

(1) 열복합형 감지기

차동식 스포트형 감지기와 정온식 스포트형 감지기의 성능이 있는 것으로서 두 가지 성능이 함께 동작될 때 화재신호를 발신하거나 두 개의 화재신호를 각각 발신하는 감지기이다.

(2) 연복합형 감지기
이온화식 감지기의 성능과 광전식감지기의 성능이 있는 것으로서 두 가지 성능에 대한 감지기능이 함께 작동될 때 화재신호를 발신하거나 또는 두 개의 화재신호를 각각 발신할 수 있는 감지기를 말한다.

(3) 열연복합형 감지기
차동식 스포트형 감지기와 이온화식 감지기, 차동식 스포트형 감지기와 광전식 감지기, 정온식 스포트형 감지기와 이온화식감지기, 또는 정온식 스포트형 감지기와 광전식 감지기의 성능을 가진 것이다. 즉 두 가지 감지기의 기능이 함께 작동될 때 화재신호를 발신하거나 또는 두 개의 화재신호를 각각 발신할 수 있는 감지기를 말한다.

### 2.1.4 다신호식 감지기

다신호식 감지기란 다른 감지기와 같이 화재의 감지원리는 동일하나 감지기가 가지고 있는 성능, 종별, 공칭 작동온도 또는 공칭 축적시간별마다 서로 다른 2개 이상의 화재신호를 발신할 수 있도록 한 것이다. 모양은 1개의 스포트 내에 수용되어 있다. 복합감지기도 이에 해당되나 감지원리가 동일한가의 여부에 따라 구별한다. 열복합형 감지기, 연기복합형 감지기, 열연기복합형 감지기 외에 복수의 종별을 갖는 감지기가 있다. 보통의 수신기로는 화재신호를 수신할 수 없기 때문에 2신호수신기를 사용하여야 한다.

### 2.1.5 불꽃 감지기

이 감지기는 불꽃에서 방사되는 자외선, 적외선의 변화가 일정한 양 이상으로 되었을 경우 동작하는 감지기로 일국소의 자외선, 적외선의 변화에 의해 수광소자의 수광량 변화로서 신호를 발신하는 감지기를 말한다. 연소물에 따라 그 발생파장이 다르므로 검출소자에 따라 감지파장이 다르게 된다. [그림 1.7]은 검출소자의 재료별 분광감도특성을 나타낸 것이다. 이에는 다음의 것이 있다.

(1) 불꽃의 특성

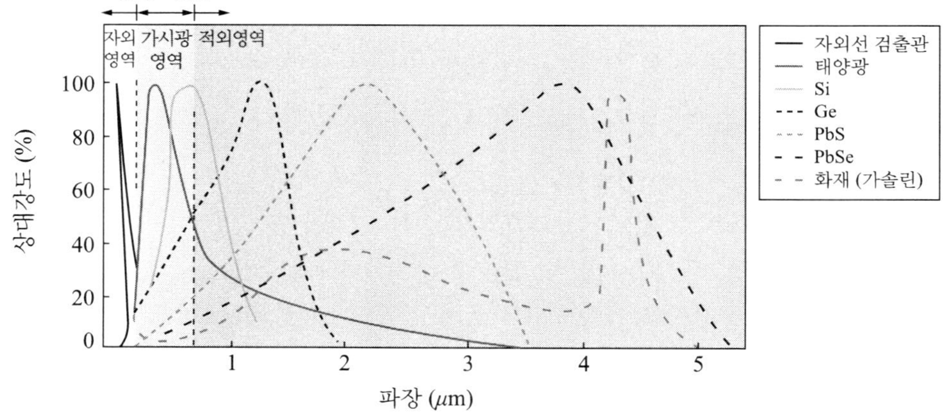


[그림 1.7] 검출소자의 재료별 분광감도특성

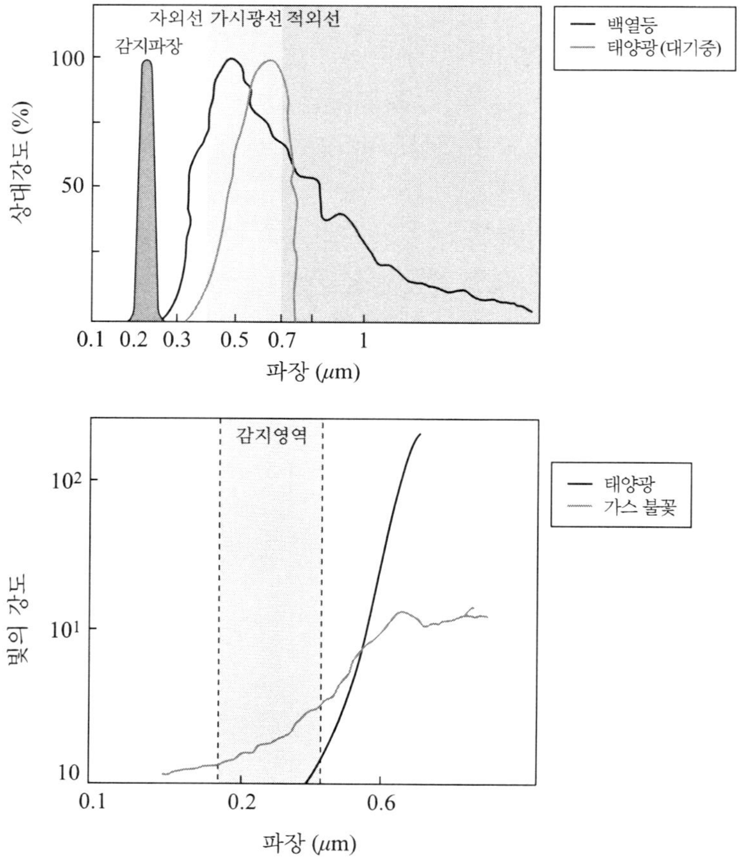


[그림 1.8] 자외선 감지기의 감지파장과 감지영역

[그림 1.8]은 자외선 감지기의 감지파장과 감지영역을 나타낸 것이다.
[그림 1.9]는 자외선 불꽃감지기의 수광소자로 사용하고 있는 UV Thron에 자외선이 조사되었을 경우 신호발신을 위한 전압과 전류 특성곡선이다.

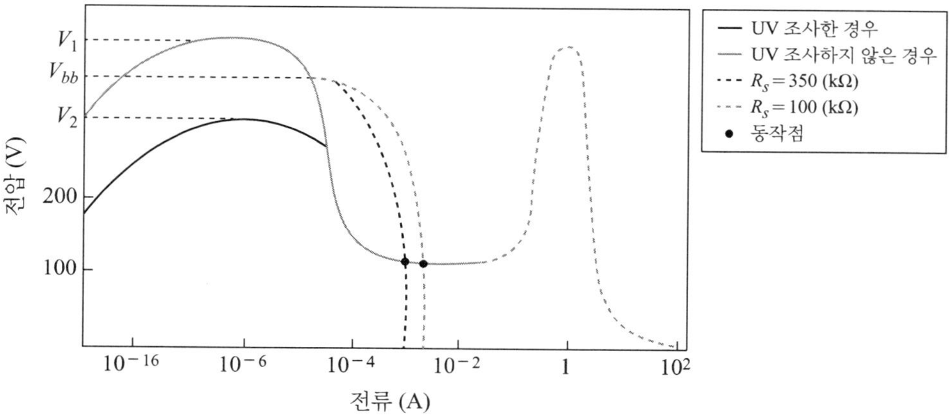


[그림 1.9] 전압과 전류 특성곡선

(2) 불꽃 감지기의 종류

가. 불꽃 자외선식 감지기 : 불꽃에서 방사하는 자외선의 변화가 일정량 이상 되었을 때 작동하는 것으로서 일국소의 자외선에 의하여 수광소자의 수광량 변화에 의하여 화재신호를 발신하는 감지기이다.

나. 불꽃 적외선식 감지기 : 불꽃에서 방사되는 적외선의 변화가 일정량 이상 되었을 때 작동하는 것으로서 일국소의 적외선에 의하여 수광소자의 수광량 변화에 의해 신호를 발신하는 감지기이다. [그림 1.10]은 불꽃에서 발생되는 적외선 스펙트럼으로 화재감지시 감지하는 파장영역을 나타낸다. [그림 1.11]은 감지기와 불꽃과의 거리에 따라 동작시간이 달라지므로 이의 관계를 나타낸 것이다.

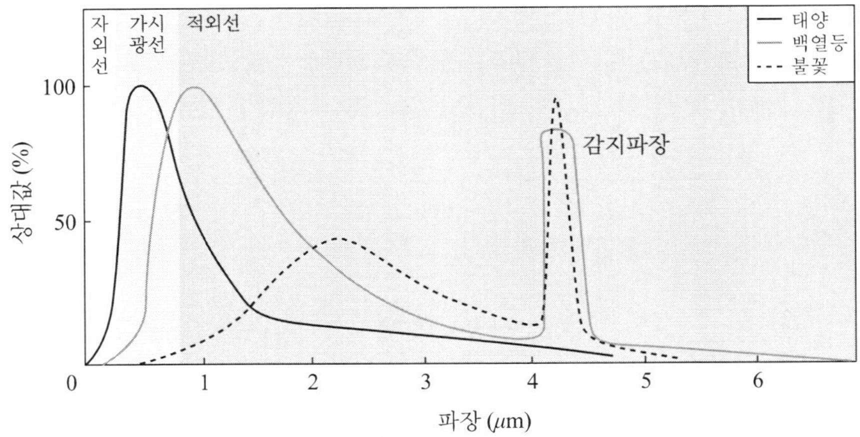


[그림 1.10] 적외선 스펙트럼에서의 화재감지 파장영역

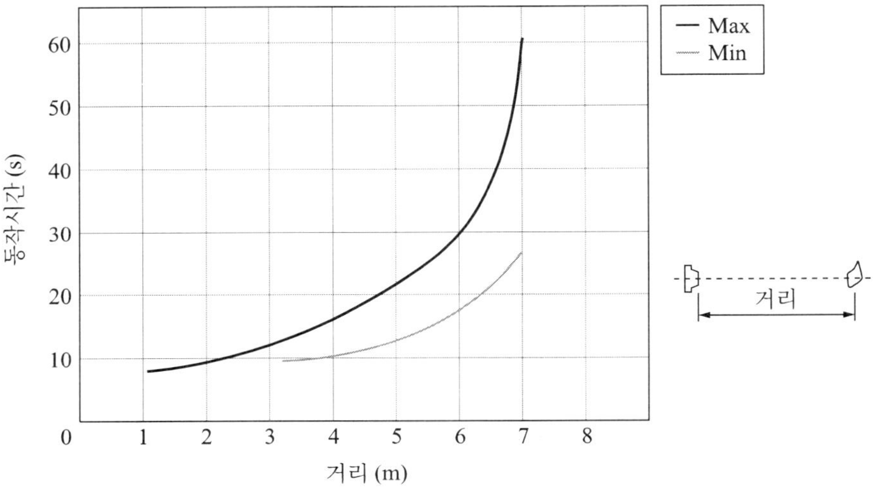


[그림 1.11] 불꽃과의 거리에 따른 동작시간

다. 불꽃 자외선·적외선 겸용식 감지기

불꽃에서 방사되는 불꽃의 변화가 일정량 이상 되었을 때 작동하는 것으로서 일국소의 자외선 또는 적외선에 의한 수광소자의 수광량 변화에 의하여 1개의 화재신호를 발신하는 감지기이다.

라. 불꽃 영상분석식 감지기

CCTV를 방범용으로만 사용하는 것이 아니고 CCTV 시야에 입력되는 온도분포나 동작이미지를 컴퓨터로 처리한 후 적색만을 추출하여 분석한 다음 화재유무를 판단하여 화재신호를 발신하도록 한 것이다.

마. 도로형 불꽃감지기

불꽃검출범위가 180° 이상으로 방화대상물이 도로로 제한되어 사용되고 있는 감지기이다.

### 2.1.6 아날로그식 감지기

주위의 온도 또는 연기량의 변화에 따라 각각 다른 전류값이나 전압값 등의 출력에 의해 화재신호를 발신하는 감지기이다. 이제까지 정상상태와 화재신호의 두 가지 상태를 발신하던 것을 열 또는 연기의 농도나 다단층의 화재정도에 대해서 화재정보신호를 발신하도록 한 감지기이다. [그림 1.12]와 같이 단계별 경보출력으로 예비경보신호, 화재경보신호, 소화설비 연동신호를 발신하도록 하고 있다. 아날로그 이온화식 스포트형 감지기, 아날로그 광전식 스포트형 감지기, 아날로그 광전식 분리형감지기가 있다.

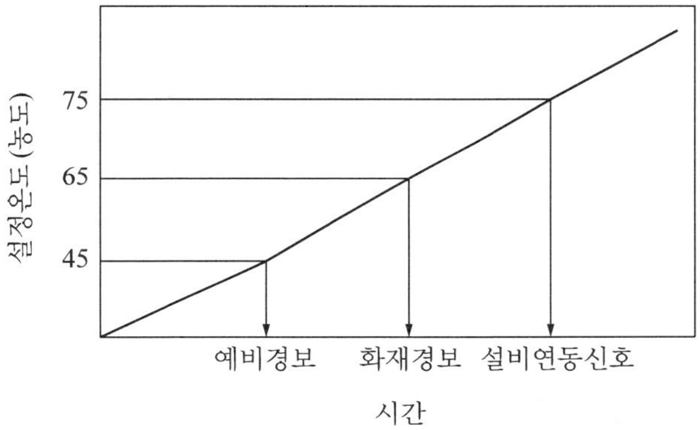


[그림 1.12] 단계별 경보출력

### 2.1.7 공기흡입형 감지기

항온, 항습기, 에어컨 등의 공기조화설비가 설치되어 있는 장소에서는 실내의 공기 흐름이 빨라져 화재가 발생하더라도 열이나 연기가 공기조화설비의 공기흐름에 희석되어 버리게 된다. 그러므로 긴 파이프에 크기별 다른 구멍을 뚫은 후 이 구멍으로 공기를 흡입하여 샘플링하는 방식이다. 즉, 연기를 검출하는 센서부는 한 곳에 두고 구멍 뚫린 공기 배관은 화재를 검출하고자 하는 장소에 일정한 간격으로 천장에 설치한다. 이때 긴 파이프에 일정한 거리마다 일정한 구멍을 뚫어 이 구멍을 통해 공기를 계속적으로 흡입하여 센서부에서 그 공기에 포함된 연기 입자를 검출하여 판단한 후 화재신호를 전송한다. 이에는 Cloud Chamber형과 초미립자 검출감지기가 있다. 발전소, 변전소 등의 케이블 과부하에 의한 연소생성물, 케이블의 초기화재 및 지하공동구, 전화국, 컴퓨터실, 반도체 공장 등의 초기화재 검출에 유용한 것으로 알려져 있다.

### 2.1.8 일산화탄소 감지기

어떠한 화재라도 발생되는 것이 CO이다. 따라서 일산화탄소 감지기는 고분자 필름 센서, 전기화학 원리 및 반도체 소자를 이용하여 CO를 감지하고 이 신호를 전송할 수 있게 한 화재감지기로 화재감지속도가 가장 빠르며 미국에서는 실용화되어 있다.

[그림 1.13]은 연기, CO, $CO_2$의 연소패턴으로 다음과 같이 나눌 수 있다.

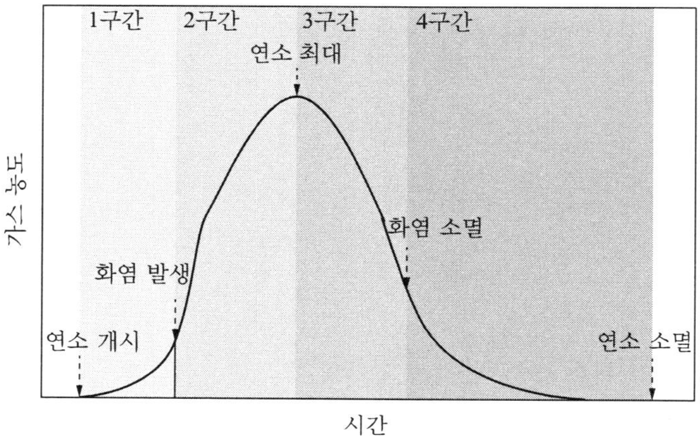


[그림 1.13] 연기, CO, $CO_2$ 연소 패턴

1구간 : 연소가 개시되면서 연소온도가 낮아 불안전연소도 진행되며 시간의 경과에 따라 연기, CO, $CO_2$가 기하급수적으로 발생할 수 있는 구간이다.

2구간 : 화재가 성장하는 구간으로 화염이 발생한 후 부터는 연소가 확대되고 연소가 정점에 도달하면 연소의 규모가 가장 크며 가장 많은 가스가 발생함.

3구간 : 연소의 규모가 점차 작아지며 화염이 소멸되기 시작하고 다량의 재(ash)가 생성된다.

4구간 : 화염이 소멸된 후 잔여열에 의해 연소가 진행되는 구간이다. 연소 확대가 없으므로 가스의 생성량은 자연감소 패턴인 지수함수적으로 감소하다가 연소가 소멸된다.

CO화재 감지기는 CO, $CO_2$의 농도 및 연기농도를 측정하여 이들의 패턴으로부터 화재 알고리즘을 만드는 게 필요할 것이다. 그리고 이들 요소의 증가 패턴을 모니터링하면 정확한 화재감지가 가능할 것이다.

### 2.1.9 다중센서 감지기

열, CO 또는 연기 중 어느 하나가 감지되면 민감하게 반응하므로 이들 모든 요소가 화재특성을 감지하는 경우에만 경보신호를 전송할 수 있게 한 것이다. 즉 어느 센서 중 화재상황을 감지하면 그 각각의 감지 특성을 분석한 다음 각각의 센서 특성을 알고리즘화한 후 화재신호를 송신하게 한다.

### 2.1.10 음장스펙트럼 화재감지기

중요한 장소나 보안공간에 음장 스펙트럼의 변화를 설치된 마이크로폰을 통해 측정하여 실내 침입이나 화재시 발생되는 온도변화에 따라 물질이 연소할 때 발생되는 음장의 변화를 이용한다. 이 방법은 공간 전체를 감시하는 것으로 일국소의 영역만을 감지하는 감지방법이나 사각지대에 대한 좁은 영역의 음장변화에도 민감히 반응할 수 있을 것으로 생각되며 실용화되고 있지는 않다.

### 2.1.11 발신기

발신기는 우리나라에서 주로 사용되는 유리형식의 발신기와 미국에서 주로 사용되는 당김 형식이 있다.

(1) 유리형식 발신기

유리형식의 발신기는 화재발생시 유리덮개를 눌러 그 안에 있는 누름버튼(Push button)이 눌리면 화재접점신호를 발신한다. 유리덮개는 스위치를 보호하기 위한 것으로 기물의 충돌이나 어린이들의 장난 등에 의한 자동화재탐지설비의 비동작을 방지하기 위한 보호판이며 손 끝으로 눌렀을 때 파괴되거나 밀려들어가게 되어 있는 유기질유리이다. 누름버튼스위치는 한번 누른 후에 재조작을 하지 않으면 계속 접점을 붙이고 있게 되며 발신된 신호가 수신기에 전달되었는가를 발신자가 확인할 수 있도록 확인등이 점등된다. 발신기에는 수신기와 상호연락이 될 수 있도록 전화잭이 설치되어 있다. 이 전화회로는 누름버튼스위치의 조작과 관계없이 전화잭에 송수신기 전화기 잭을 꽂으면 작동되어 수신기측을 호출하여 통화가 가능하나 수신기에서는 발신기측을 호출할 수 없다.

(2) 당김형식 발신기

당김형식의 발신기는 화재발생시 이를 인지하고 잡아당기는 1단구성과 잡아당겨서 위로 올리는 2단 구성이 있다. 유리형식과 같이 많은 사람들이 왕래하는 장소나 다중이용시설 등에 설치하도록 규정되어 있다.

### 2.1.12 소화제연설비

화재발생을 사람이 직접 목격하는 경우 수동으로 작동시켜 수신기에 신호를 전달하는 수동조작함을 말하며 다음의 것이 있다.

(1) 소화약제 수동조작함

$Co_2$, 할로겐화합물 및 불활성기체소화설비 등 소화약제시스템이 구축된 방호구역의 출입구 부분 등 쉽게 피난할 수 있는 장소에 설치한다. 보호판 등으로 보호장치가 되어 있으며 방출지연스위치가 내장되어 있다.

(2) 제연 수동조작함

화재발생시 연기제어를 위한 설비로 조작시 수신기로 신호를 전달한다.

(3) 스프링클러 수동조작함

유수검지장치를 사용하는 설비에 있어서 밸브 인근에 수동 기동에 의해서도 장치가 개방 및 작동 될 수 있도록 하는 설비이다.

## 2.2 신호의 종류

[그림 1.14]는 여러 가지 신호파형을 나타낸 것이다. (a)는 음성신호의 유성음과 무성음에 대한 신호파형을 나타낸 것이며, (b)는 온도, (c)는 진동 그리고 (d)는 물체의 표면에 관한 신호파형이다. 이 밖의 파형으로는 레이더의 반사파형, 사람의 뇌파, 지진이 일어난 경우에 발생하는 지진파형 등이 있다. [그림 1.14]의 (a)~(c)는 시간을 변수로 하고 있으며 (d)는 물질 표면에 대한 어느 방향의 위치를 변수로 하고 있다. 이와 같이 모든 신호는 물리량, 단위, 변수의 크기가 모두 다르다. 그러므로 물리단위, 변수의 축척이 어떻게 되는가가 신호처리 시에는 무시할 수 없는 매우 중요한 요소로 작용한다.

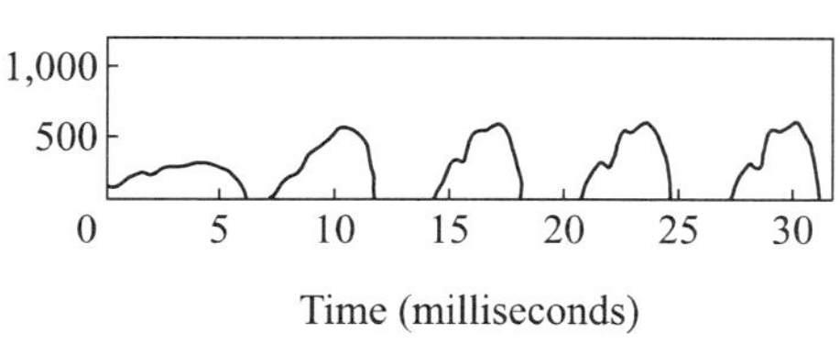


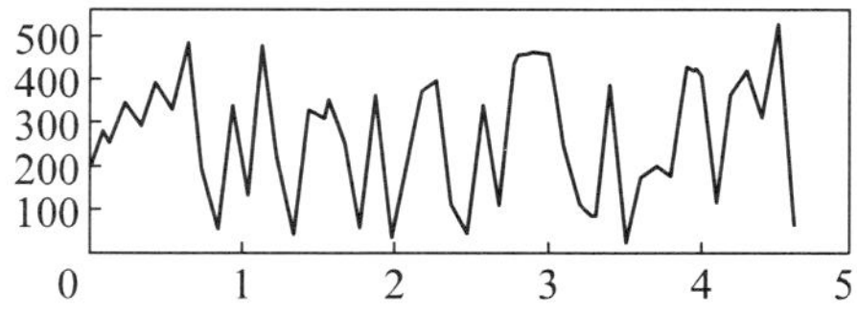


(b) 온도파형

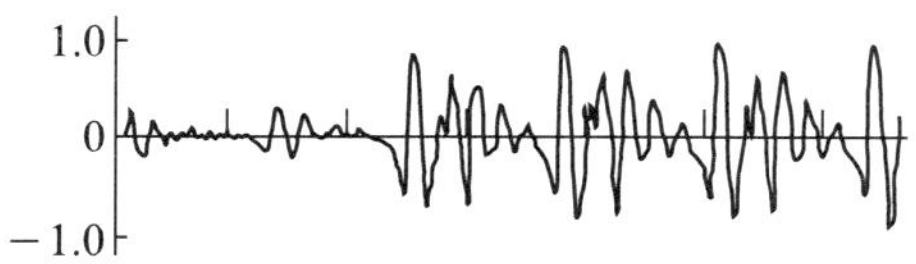


(a) 음성파형

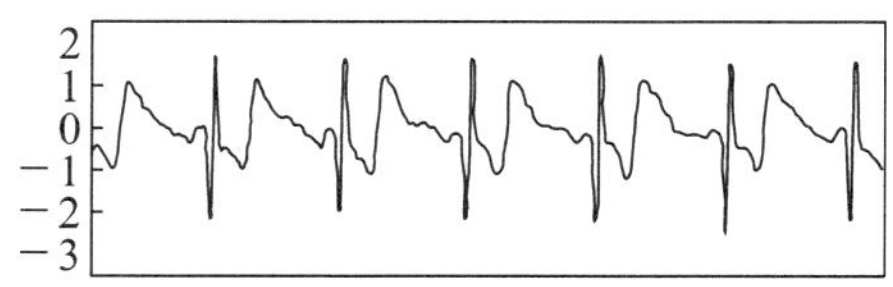


(c) 진동파형

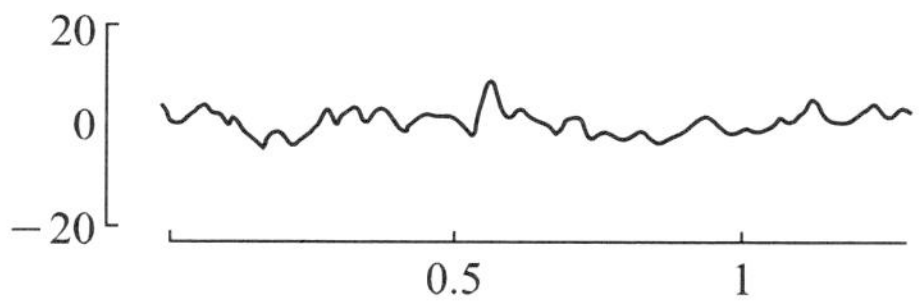


(d) 금속표면파형

[그림 1.14] 여러 가지 신호파형

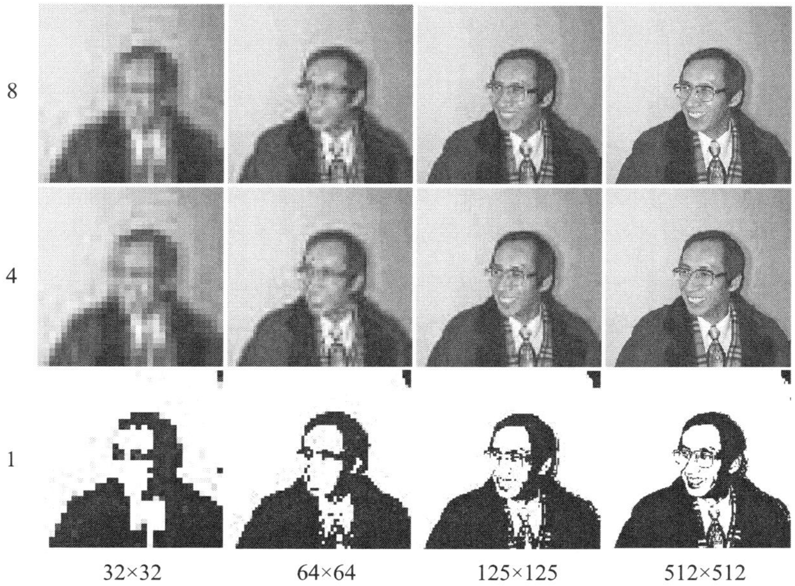


[그림 1.15] 화소수와 계조수에 따른 화상표현

[그림 1.15]는 화소(pixel) 수와 계조(gray level)수에 따른 화상표현의 변화를 보인 것이다. 우측으로 갈수록 밝기가 명확해짐을 알 수 있으며 상단으로 갈수록 화상이 정밀해짐을 알 수 있다. 그림에서 32×32는 화소(pixel) 수를 나타내는 것으로 이 보다 512×512가 16배 많은 것을 의미한다. 또한 세로축의 1, 4, 8은 계조(gray level)수를 나타낸 것으로 숫자가 많을수록 분할 수가 많은 것이다. 따라서 화소(pixel) 수가 많을수록, 계조(gray level)수가 증가할수록 정해진 화면을 분할한 수가 많은 것이므로 명확한 화면을 얻을 수 있음을 의미한다.

### 2.2.1 불규칙신호

신호가 어느 시각이나 시점에서 측정값을 알 수 있으나 그 값이 그 후에 어떻게 변화하는가를 확정할 수 없는 신호를 불규칙신호(random signal)라 한다. 즉 신호의 진폭 등이 완전히 불규칙하여 미래 값을 예측할 수 없는 신호로 통계적인 확률에 의해 설명된다. 즉 2 V(voltage)와 3 V 사이에 존재하는 확률은 0.5라고 하는 것처럼 신호의 성질을 확률적으로 고찰하지 않으면 안 된다. 이러한 불규칙신호는 음성신호, TV신호, 디지털 컴퓨터(digital computer)의 데이터(data) 및 전기적인 잡음(electrical noise) 등이 있다. 또한 통계적 확률에 의해 고찰되는 불규칙 신호가 시간에 따라 그 성질이 변하지 않으면 정상적 불규칙신호(stationary random signal)라 하고, 시간에 따라 그 성질이 변하면 비정상적 불규칙신호(nonstationary random signal)이라 한다.

### 2.2.2 확정 신호

음악에서의 음과 같이 어느 정도 음의 흔들림은 있지만 깨끗한 단일 주파수의 음이 발생한다면 이는 삼각함수로 나타낼 수 있어서 어느 관측점이 주어지면 그 점에서 음의 세기를 시간적인 변화와 함수 모양으로 나타낼 수 있다. 이와 같이 신호의 파형을 명확한 시간함수로 표현할 수 있어 변화하는 신호의 미래 값을 예측할 수 있는 신호를 확정신호(deterministic signal)라 한다. 대표적인 확정신호에는 [그림 1.16]과 같은 정현파가 있으며 주기적인 신호, 직류 신호 그리고 과도 신호등이 이에 속한다.

[그림 1.16]의 정현파와 같이 일정한 시간 간격으로 같은 파형이 반복되는 신호를 주기신호(periodic signal)라 하며, 주기가 T일 때 이 신호는 시간 축 방향으로 T 또는 2T, 3T…의 형태로 증가한다. 따라서 일반적인 형태로 쓰면 정수 $n$ $(n=0, \pm 1, \pm 2, \ldots)$에 대하여 $f(t+nt)=f(t)$와 같이 표현되는 신호이다.

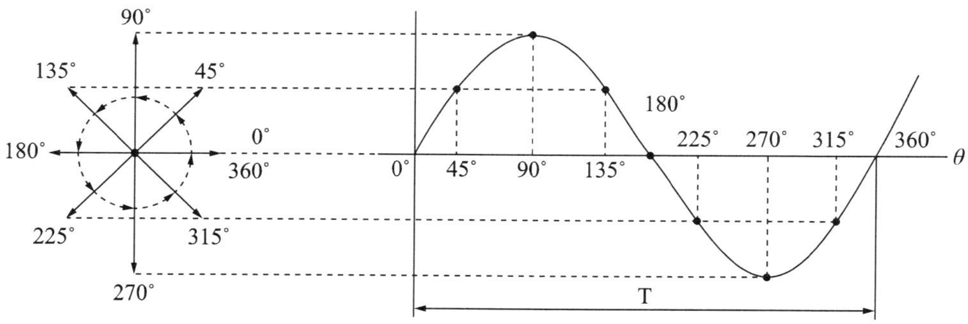


[그림 1.16] 정현파

여기서 $\sin t$라 하는 함수는 $T=2\pi$의 주기를 가지며 동시에 $4\pi, 6\pi, \cdots$의 형태로 증가한다. 이에서 알 수 있듯이 주기신호는 정수배의 간격으로 주기를 가지며, 여기에서 가장 짧은 주기를 특히 기본 주기라 한다. 주기 신호는 [그림 1.17]과 같은 형태로도 가능하며, 주기 $T$만큼 늦어져도 같은 신호이고 $nT(n=0, \pm 1, \pm 2, \cdots)$ 만큼 늦어져도 같은 신호이다.

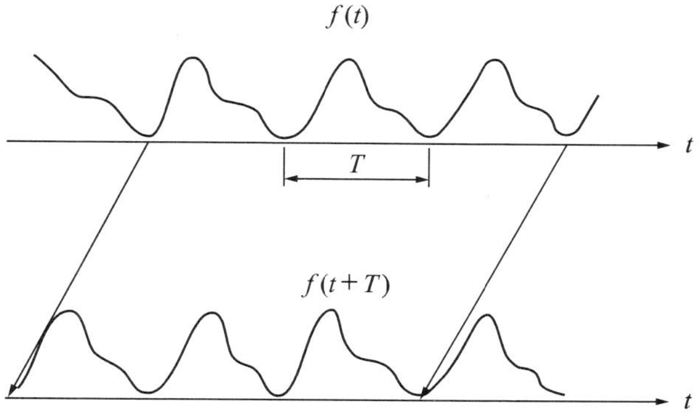


[그림 1.17] 주기신호

정현파 이외에 잘 나타나는 주기신호에는 [그림 1.18]에서 보여지는 구형파(방형파). 톱니파 그리고 삼각파 등이 있다.

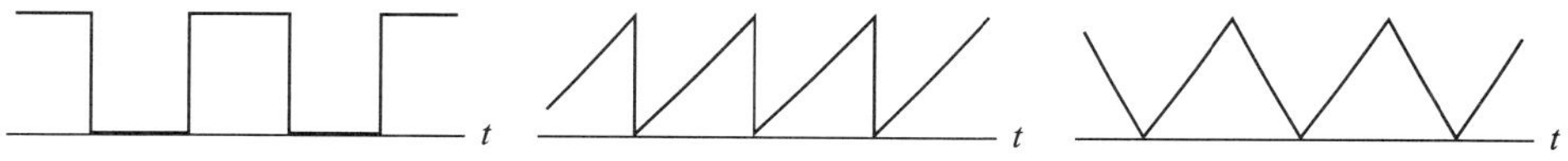


(a) 방형파 (b) 톱니파 (c) 삼각파

[그림 1.18] 대표적인 주기신호

또한 [그림 1.19]의 (a)와 같이 어느 짧은 시간 간격 내에 신호의 에너지가 집중되어 있는 단발적인 신호를 펄스신호(pulse signal)라 하며 양(+)의 펄스와 음(−)의 펄스가 있다. 그러나 (b)와 같이 에너지가 어느 일정값이 되기 전에 극히 작은 시간동안에만 과도적으로 흐르다 소멸되는 신호를 과도파라 한다.

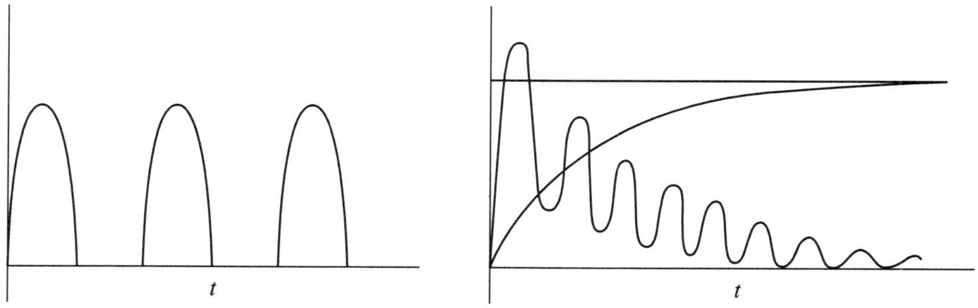


(a) 펄스파 (b) 과도파

[그림 1.19] 펄스파와 과도파

## 2.3 신호의 이산화

신호의 이산화는 연속신호와 이산신호에 대하여 행한다. 연속 시간신호(continuoustime signal)는 시간 $t$가 연속적으로 변화할 경우의 모든 값에 대하여 신호함수의 값이 정의되어 있는 신호를 말하며 연속신호(continuous signal)라고도 한다. 반면에 이산신호(discrete signal)는 시간 $t$의 특정한 값에 대하여 신호함수의 값이 정의되어 있는 신호이며 수열(sequence)이라고도 한다.

[그림 1.20]은 연속신호와 이산신호를 나타낸 것이다. (a)는 시간 $t$의 함수에 대한 $y(t)$의 연속신호이며, (b)는 시간 $t$의 함수 $y(nT)(n=0, \pm 1, \pm 2, \cdots)$는 이산신호를 나타낸다. 이산신호 함수 $y(nT)$는 이산시간(discrete-time) $0,\ T,\ 2T,\ 3T, \cdots$에서만 그 값이 존재하며, 이산시간들 사이에서는 함수값이 존재하지 않는 신호이다. 여기서 $T$는 이산시간들 사이의 간격을 의미한다.

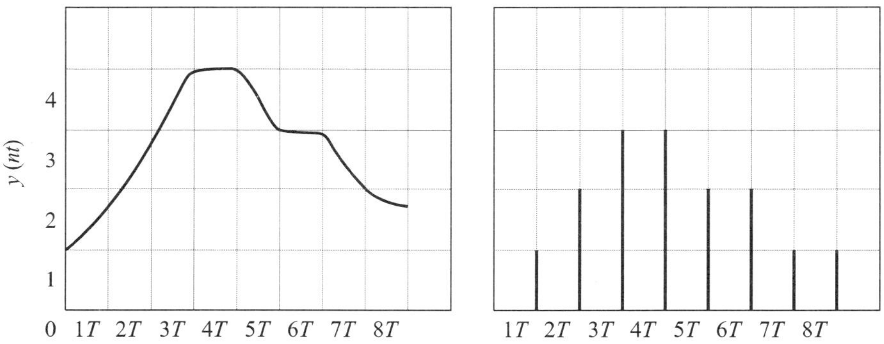


(a) 연속신호 (b) 이산신호

[그림 1.20] 연속신호와 이산신호

### 2.3.1 연속신호

대부분의 신호는 연속신호이다. 연속 신호는 시간과 진폭(또는 크기)이 연속적으로 변하는 특성을 가지며, 아날로그신호(analog signal)라고도 한다. 연속신호의 종류는 대단히 많으며, 그 중에 가장 기본이 되는 연속신호는 정현파 신호(sinusoidal signal), 단위 임펄스신호(unit impulse signal), 단위 계단신호(unit step signal) 등이 있다.

(1) 정현파 신호

[그림 1.16]과 같이 시간에 따라 변화하는 정현파 $f(t)$는 식 (1-1)과 같이 나타낼 수 있다.

$$f(t) = A\sin(wt + \theta) \qquad (1\text{-}1)$$

여기서 $A$는 신호의 크기를 나타내는 진폭(amplitude)이라 하며, $w$는 각 주파수(angular frequency), $\theta$는 위상(phase)이라 한다.

또한 정현파의 주파수를 $f$ $Hz$, 주기를 $T$ sec라 하면 각주파수 및 주파수 그리고 주기와의 관계는 다음과 같이 성립한다. 여기서 주파수 $f$는 1초(sec) 동안에 1주기를 이루는 파형의 수를 의미한다.

$$w = 2\frac{\pi}{T} = 2\pi f \ \ (f = \frac{1}{T}) \qquad (1\text{-}2)$$

(2) 단위계단신호

단위계단신호 또는 단위계단함수는 [그림 1.21]과 같다. 함수 $u(t)$로 나타낼 수 있으며, 다음과 같이 정의된다.

$$u(t) = 0,\ t < 0 \ \text{ 또는 } \ 1,\ t > 0 \qquad (1\text{-}3)$$

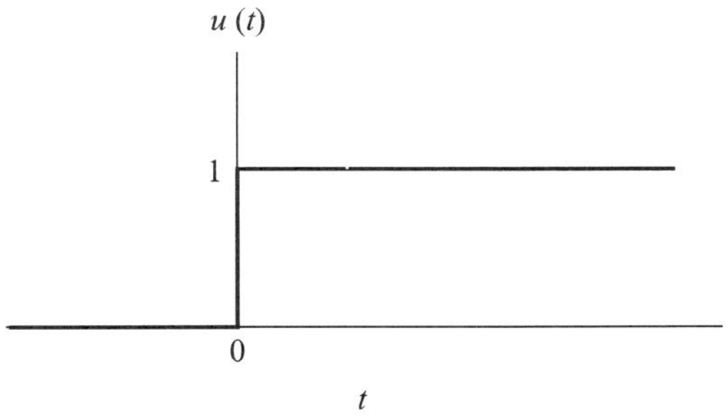


[그림 1.21] 단위계단신호

단위계단함수는 $t = 0$에서 불연속이며, $t = 0$에서의 값 $u(0)$는 정의되어 있지 않지만 $u(0^-) = 0$, $u(0^+) = 1$이 되는 것은 이 함수의 정의로부터 확실해진다.

(3) 단위 임펄스신호(또는 델타함수)

단위 임펄스신호 또는 단위 임펄스함수는 델타함수(delta function)라고도 하며, 이 함수는 $\delta(t)$로 나타내며, 단위계단함수의 도함수로 정의할 수 있다. 따라서 관계식은

$$\frac{d}{dt}u(t) = \delta(t) \qquad (1\text{-}4)$$

이며, 단위 임펄스함수의 값은 다음과 같다.

$$\begin{aligned} &\delta(t) = 0 (t < 0) \quad \text{또는} \\ &\delta(t) = \infty\,(t = 0) \quad \text{또는} \\ &\delta(t) = 0 (t > 0) \end{aligned} \tag{1-5}$$

단위 임펄스함수는 단위 계단 함수의 도함수이므로 $\delta(t)$에서 $t=0$을 포함하는 범위에서 적분하면 [그림 1.22]와 같이 $u(t)$로 되어야 하며, 식 (1-5)를 동시에 만족하여야 한다. 따라서 식 (1-6)과 같이 정의될 수 있다.

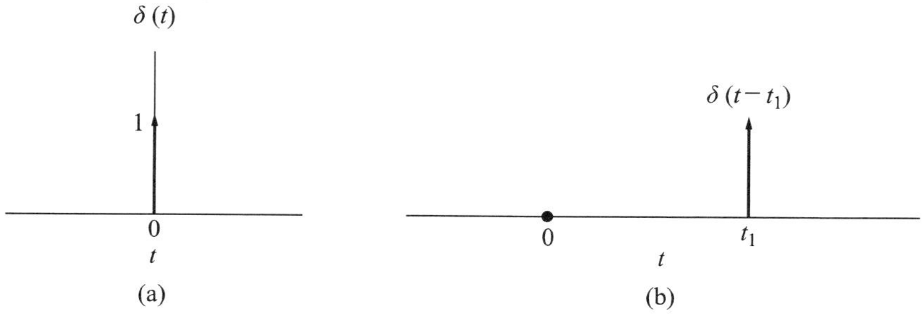


[그림 1.22] 임펄스 함수

$$\int_{-\infty}^{\infty} \delta(t)dt = u(t) \tag{1-6}$$

$\delta(t)$는 $t=0$ 이외에서는 그 값이 0이므로 식 (1-6)을 식 (1-7)과 같이 쓸 수 있다.

$$\int_{-a}^{+b} \delta(t)dt = u(t) \text{ (단 a, b > 0)} \tag{1-7}$$

또는

$$\int_{0-}^{0+} \delta(t)dt = u(t) \tag{1-8}$$

라 표현할 수 있다. [그림 1.22]는 단위 임펄스함수를 도시한 것으로 연속 신호가 아닌 것처럼 생각할 수 있으나 $t=0$ 이외의 시간에서 $\delta(t)$는 0이라는 신호값을 갖기 때문에 연속신호이다. 이산신호의 경우는 이산시간 이외의 시간에서는 신호값이 존재하지 않으므로 [그림 1.22] (a)에서의 0은 엄연한 수치이기 때문이다. 신호값이 0이라는 것과 신호값이 존재하지 않는다는 것은 큰 차이가 있다.

$t=t_1$의 곳에 있는 단위 임펄스함수는 $\delta(t-t_1)$으로 되며, 이를 도시하면 [그림 1.22] (b)와 같다. 함수 $f(t)$가 $t=t_1$에서 연속인 임의의 함수라 한다면 다음의 관계가 성립할 수 있다.

$$\begin{aligned}\int_{-\infty}^{\infty} f(t)\delta(t-t_1)dt &= \int_{t_1^-}^{t_1^+} f(t)\delta(t-t_1)dt \\ &= f(t_1)\int_{t_1^-}^{t_1^+} \delta(t-t_1)dt\end{aligned} \tag{1-9}$$

$$\therefore \int_{-\infty}^{\infty} f(t)\delta(t-t_1)dt = f(t_1) \tag{1-10}$$

식 (1.10)을 스캐닝 적분(scanning integral)이라 하고 이를 만족하는 함수 $\delta(t)$를 단위 임펄스함수라 정의하기도 한다. 임펄스함수 $\delta(t)$는 $t=0$에서만 $+\infty$의 값을 갖게 되며, 그 밖의 $t$에서는 값이 0이 되고 $t=0$을 포함하는 적분 범위에서 적분하면 그 값이 1이 되어야 한다. 이와 같은 조건을 만족하는 함수 $f(t)$로서 여러 가지 종류가 제안되고 있으나 세 가지만 소개한다. 다만 제안된 함수 $f(t)$가 그대로 $\delta(t)$로 되는 것은 아니며, 식 (1.10)과 같이 이것에 관련 있는 어떤 변수 a가 무한히 작아질 때 극한값이 $\delta(t)$로 되는 것에 유의하여야 한다.

$$\lim_{a\to 0} f(t) = \delta(t) \tag{1-11}$$

가. 지수 함수형 임펄스(1)

지수함수 $f(t)$가 다음과 같다고 할 때 다음과 같은 관계식이 성립하며, 여기서 $T$는 양의 상수이다. $T$의 여러 가지 값에 대한 함수 $f(t)$를 도시하면 다음의 [그림 1.23]과 같다.

$$\begin{aligned}&f(t) = \frac{1}{T}e^{-t/T}\ (t \geq 0) \quad \text{또는} \\ &f(t) = 0\ (t < 0)\end{aligned} \tag{1-12}$$

여기서 $f(t)$가 $t=0$의 경우의 값은 $1/T$이며, $T$에 반비례한다. 따라서 $T$가 무한히 작아질 때 $t=0$ 에서의 함수값은 $+\infty$가 된다. 따라서 다음의 식이 성립된다.

$$\lim_{T\to 0} f(0) = \lim_{T\to 0}\frac{1}{T} = +\infty \tag{1-13}$$

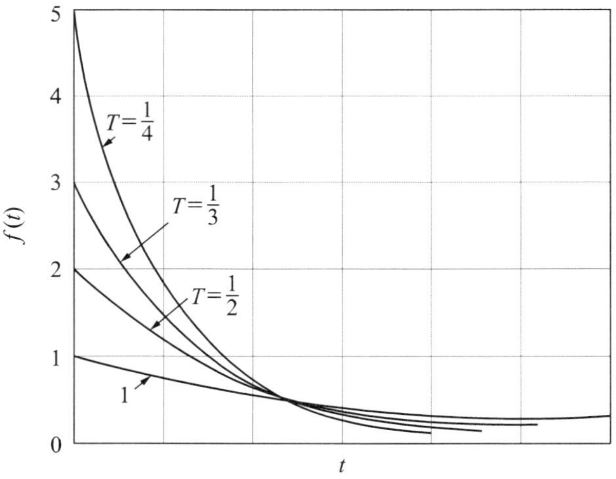


[그림 1.23] T에 대한 지수함수($\frac{1}{T}e^{-t/T}$)의 시간적 변화

[그림 1.23]에서 알 수 있는 바와 같이 $f(t)$는 $t$의 증가에 따라 단조롭게 감소하며, $T$가 작아질수록 $t=0$ 부근에서의 곡선의 경사는 급하게 된다. 즉 $T$가 작아질수록 $f(t)$의 값은 $t=0$ 부근에 집중되는 동시에 $f(0)$의 값은 커지게 된다.

한편 $f(t)$를 $-\infty$로부터 $+\infty$까지의 범위에서 적분하면 식 (1-14)와 같이 정의된다.

$$\begin{aligned}\int_{-\infty}^{\infty}\frac{1}{T}e^{-t/T}dt &= \frac{1}{T}\int_{0}^{\infty}e^{-t/T} \\ &= \frac{1}{T}\left[-Te^{t/T}\right]_{0}^{\infty} \\ &= 1\end{aligned} \tag{1-14}$$

$T$가 무한히 작아질 때, 지수함수 $f(t)$는 식 (1-12)와 식 (1-14)의 관계에 만족하므로 임펄스함수의 정의에 의하여 다음과 같이 표현된다.

$$\lim_{T\to 0} f(t) = \delta(t) \tag{1-15}$$

나. 지수함수형 임펄스(2)

지수함수 $f(t)$가 다음과 같다고 하면 이를 도시하면 [그림 1.24]와 같다.

$$f(t) = \frac{1}{c\sqrt{\pi}}e^{-t^2/c^2} \tag{1-16}$$

이때 $c$는 양의 상수로 정의되며, $c$가 무한히 작아질 때 함수 $f(0)$의 값은 $+\infty$로 된다. 이에 따른 관계식은 다음과 같다.

$$\lim_{c \to 0} f(0) = \lim_{c \to 0} \frac{1}{c\sqrt{\pi}} = +\infty \tag{1-17}$$

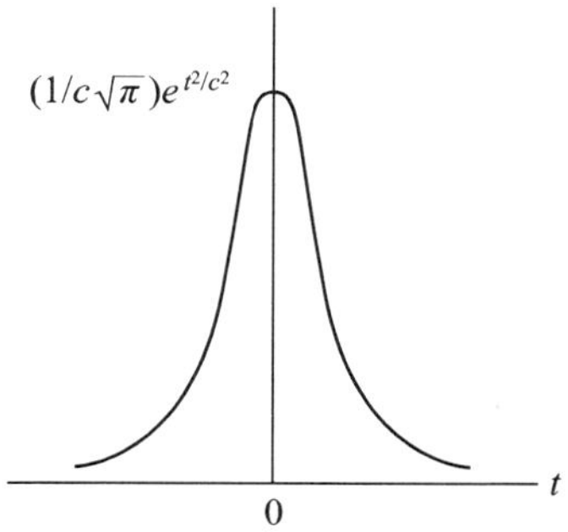


[그림 1.24] 함수 $(1/c\sqrt{\pi})e^{-t^2/c^2}$의 시간적 변화

식 (1-16)에서 $t/c = x$라 놓으면 $f(t)$의 적분은 다음과 같다.

$$\int_{-\infty}^{\infty} \frac{1}{c\sqrt{\pi}} e^{-t^2/c^2} dt = \frac{1}{\sqrt{\pi}} \int_{-\infty}^{\infty} e^{-x^2} dx \tag{1-18}$$

여기서 정적분의 공식에 의하여 다음과 같이 정의된다.

$$\frac{1}{\sqrt{\pi}} \int_{-\infty}^{\infty} e^{-x^2} dx = \sqrt{\pi} \tag{1-19}$$

식 (1-18)에서의 적분값은 1이 되므로 다음과 같이 정의될 수 있다.

$$\int_{-\infty}^{\infty} \frac{1}{c\sqrt{\pi}} e^{t^2/c^2} dt = 1 \tag{1-20}$$

따라서 $c$가 무한히 작아질 때 $f(t)$는 임펄스함수의 조건을 만족하므로 다음과 같은 결과를 얻는다.

$$\lim_{c \to 0} \frac{1}{c\sqrt{\pi}} e^{t^2/c^2} = \delta(t) \tag{1-21}$$

다. 씽크함수형 임펄스

주어진 함수가 다음과 같은 식으로 정의될 경우

$$f(t) = \frac{\sin at}{\pi t} \tag{1-22}$$

이를 도시하면 [그림 1.25]와 같다.

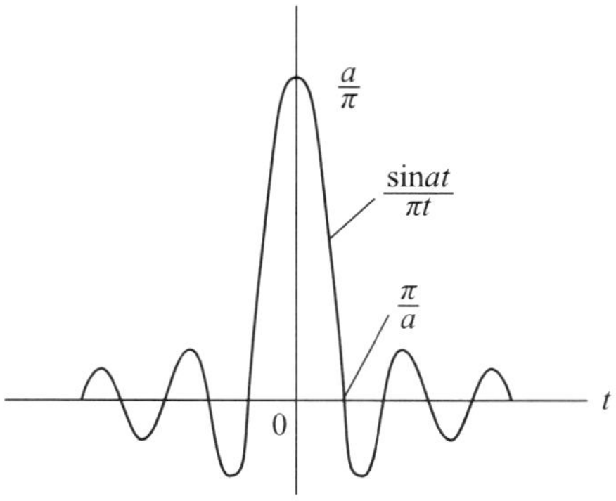


[그림 1.25] 함수 $\sin at/\pi t$의 파형

[그림 1.25]에서 알 수 있는 바와 같이 파형의 꼭지점의 높이는 $a/\pi$이며, 그 시간폭은 $2\pi/a$이다. 따라서 $a$가 무한대로 되면 꼭지점의 높이는 $+\infty$로 되고, 그 시간폭은 무한히 감소한다. 식 (1-22)에서 $at = x$라 놓으면 좌변은 $a\sin x/\pi x$로 되며, $dt = dx/a$이므로 다음과 같은 식을 얻는다.

$$\int_{-\infty}^{\infty} \frac{\sin at}{\pi t} dt = \int_{-\infty}^{\infty} \frac{\sin x}{\pi x} dx \tag{1-23}$$

식 (1-23)에서 우변의 적분값은 정적분의 공식에 의하여 1이 되므로 다음과 같은 결과식을 얻는다.

$$\int_{-\infty}^{\infty} \frac{\sin at}{\pi t} dt = 1 \tag{1-24}$$

따라서 $a$가 $+\infty$로 될 때 [그림 1.24]의 파형이 임펄스 형태가 될 것이라고 추정할 수 있다. $a$가 무한대로 될 때 [그림 1.24]의 파형이 임펄스가 된다는 것을 아래와 같은 수학적인 방법으로 증명할 수 있다.

$$\frac{\sin at}{\pi t} = \frac{1}{2\pi} \int_{-a}^{a} e^{jwt} dw \tag{1-25}$$

식 (1-25)에서 $a$를 $+\infty$로 하면 다음과 같이 된다.

$$\lim_{a \to \infty} \frac{\sin at}{\pi t} dt = \frac{1}{2\pi} \int_{-\infty}^{\infty} e^{jwt} dw \tag{1-26}$$

임펄스함수 $\delta(t)$의 푸리에변환은 1이며, 식 (1-26)의 우변은 이것의 푸리에 역변환이므로 그 값은 $\delta(t)$로 된다. 이상의 결과를 종합하면 다음과 같다.

$$\lim_{a\to\infty}\frac{\sin at}{\pi t}dt=\delta(t) \tag{1-27}$$

$$\frac{1}{2\pi}\int_{-\infty}^{\infty}e^{jwt}dw=\delta(t) \tag{1-28}$$

한편, 함수 $(\sin\pi t)/\pi t$를 씽크함수(sinc function)라 하고, $\text{sinc}\ t$로 나타내며 다음과 같은 관계식이 된다.

$$\text{sinc}\ t=\frac{\sin\pi t}{\pi t} \tag{1-29}$$

그리고 식 (1-22)와 같은 함수도 씽크함수의 범주에 속한다.

(4) 램프함수

램프함수(ramp function) $f(t)$는 [그림 1.26]과 같은 함수로서 다음과 같은 관계식으로 정의된다.

$$f(t)=\alpha t \tag{1-30}$$

여기서 $\alpha$는 상수이다. 식 (1-30)이 나타내는 램프함수는 [그림 1.26]과 같이 원점을 통과하지만 원점을 통과하지 않더라도 일정한 기울기를 가지고 직선적으로 변화하는 함수는 모두 램프함수이다.

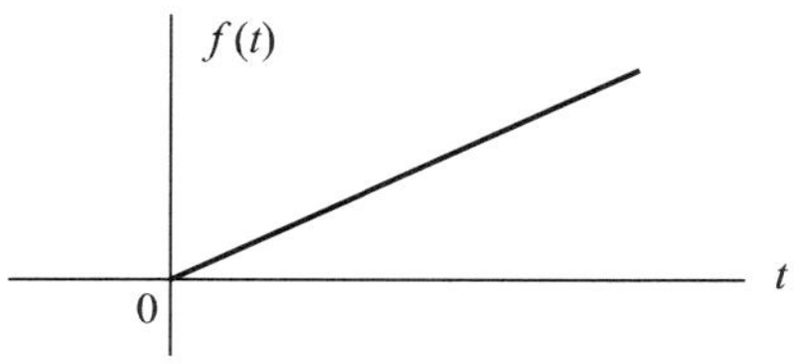


[그림 1.26] 램프함수

(5) 지수함수

지수함수는 함수 $f(t)$가 다음과 같이 표시되는 경우를 말한다.

$$f(t)=ae^{bt} \tag{1-31}$$

여기서 a, b는 상수이다. [그림 1.27]은 실수인 경우의 지수함수에 대한 보기를 나타낸 것이다.

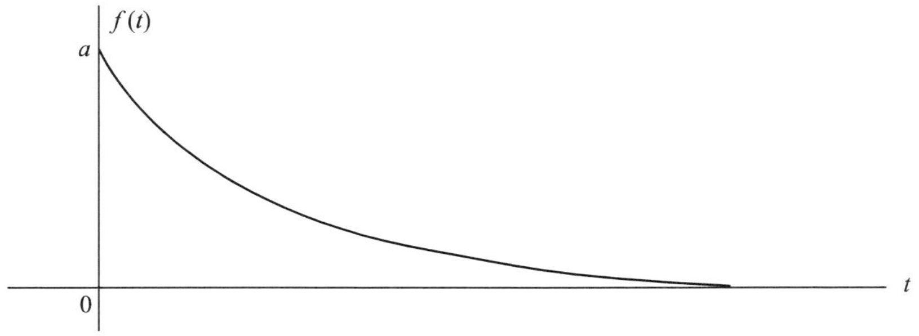


[그림 1.27] 지수함수

식 (1-31)에서 a와 b가 복소수일 때 이를 복소 지수함수(complex potential function)라 한다. 이 함수는 정현파 함수와 밀접한 관계가 있다.

### 2.3.2 이산신호

이산신호도 연속신호와 마찬가지로 그 종류가 대단히 많으나, 기본적인 이산신호는 대체적으로 기본적 연속신호를 표본화하여 얻어지는 것이라 할 수 있다. 따라서 연속신호에서 설명한 단위계단, 단위 임펄스, 램프, 지수 및 정현파 수열에 대하여 설명하기로 한다.

(1) 단위계단수열(unit step sequence)

단위계단수열은 단위계단함수 $u(t)$를 표본화하여 얻어지는 것으로, 이것을 $u(nT)$로 나타낸다. [그림 1.28]은 단위계단수열을 나타낸 것으로 다음과 같이 정의한다.

$$u(nT) = 0\,(n < 0)$$
$$u(nT) = 1\,(n \geqq 0) \tag{1-32}$$

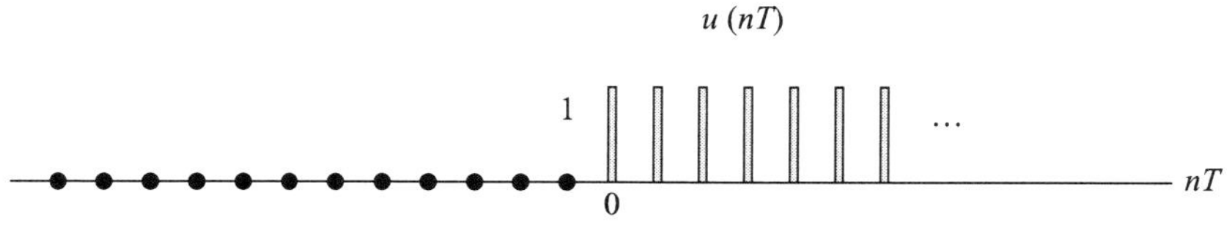


[그림 1.28] 단위계단수열

(2) 단위임펄스수열(unit impulse sequence)

단위임펄스수열은 [그림 1.29]와 같은 수열로서 $\delta(nT)$로 나타낸다. 단위임펄스수열은 델타수열(delta sequence) 또는 단위표본(unit sample)이라고도 하며, 정의는 다음과 같다.

$$\delta(nT) = 0\,(n \neq 0)$$
$$\delta(nT) = 1\,(n = 0) \quad (1\text{-}33)$$

단위임펄스함수 $\delta(t)$는 진폭이 무한대이지만, 단위임펄스함수 $\delta(nT)$의 진폭은 1이라는 점에 유의하여야 한다.

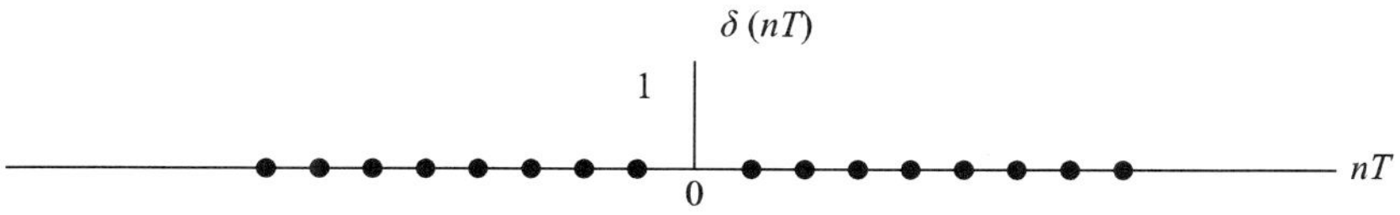


[그림 1.29] 단위임펄스수열

단위계단수열 $u(nT)$와 단위임펄스수열 $\delta(nT)$ 사이에는 다음과 같은 관계가 성립한다.

$$\delta(nT) = u(nT) - u(nT - T) \quad (1\text{-}34)$$

$$\delta(nT) = \sum_{k=0}^{\infty} \delta(nT - kT) \quad (1\text{-}35)$$

(3) 단위램프수열(unit ramp sequence)

단위램프수열은 [그림 1.30]과 같은 수열로서 $r(nT)$라 하며, 식 (1-36)과 같이 정의된다.

$$r(nT) = n\ (n \geq 0)$$
$$r(nT) = 0\ (n < 0) \quad (1\text{-}36)$$

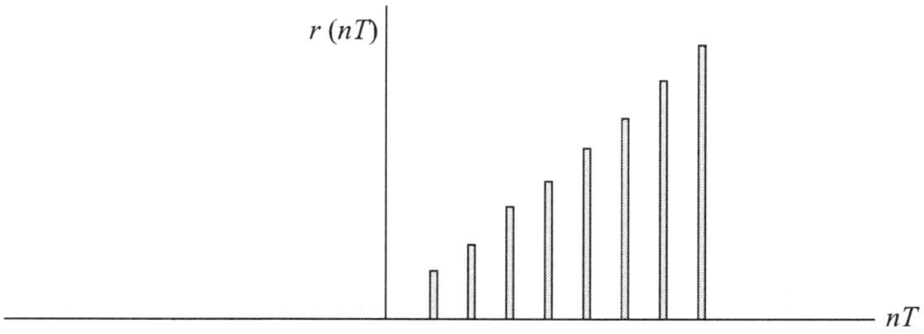


[그림 1.30] 단위램프수열

(4) 지수수열(exponential sequence)

지수수열은 [그림 1.31]의 $f(nT)$와 같은 수열로 아래의 식으로 정의된다.

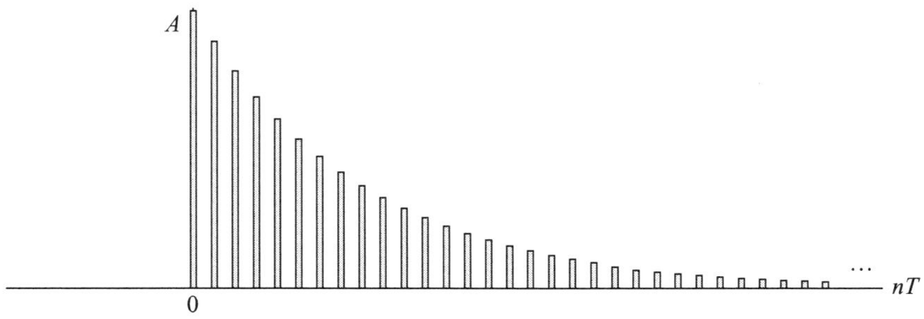


[그림 1.31] 지수수열(a<0의 경우)

$$f(nT) = Ae^{ant} \tag{1-37}$$

여기서 $A$와 $a$는 양 또는 음의 정수이다.

(5) 정현수열(sinusoidal sequence)

정현수열은 [그림 1.32]와 같은 수열로서 식 (1-38)로 나타낼 수 있다.

$$f(nT) = A\cos(wnT + \theta) \tag{1-38}$$

여기서 $A$, $w$ 및 $\theta$는 상수이다. 이 수열은 정현파함수 $A\cos(wt+\theta)$를 표본화하여 얻어지는 수열로서 상수 $A$, $w$ 및 $\theta$를 각각 진폭, 각주파수, 위상이라 한다. 각주파수 $w$는 주파수라 하기로 한다.

정현수열은 식 (1-39)와 같이 복소지수수열(complex exponential sequence)의 실수부로 나타낼 수 있다.

$$A\cos(wnT + \theta) = A\,Re\,e^{j(wnT+\theta)} \tag{1-39}$$

식 (1-39)에서 $A = 1$, $\theta = 1$이라 가정하면 식 (1-40)과 같이 된다.

$$\cos wnT = Re\,e^{jwnT} \tag{1-40}$$

또한 식 (1-40)에 대응하는 정현파 함수의 관계는 식 (1-41)과 같다.

$$\cos wt = Re\,e^{jwt} \tag{1-41}$$

정현파 함수 $\cos wt$는 주기함수이며, 그 주기 $T_0$와 주파수 $w$ 사이에는 식 (1-42)와 같은 관계가 있다.

$$T_0 = \frac{2\pi}{w} \tag{1-42}$$

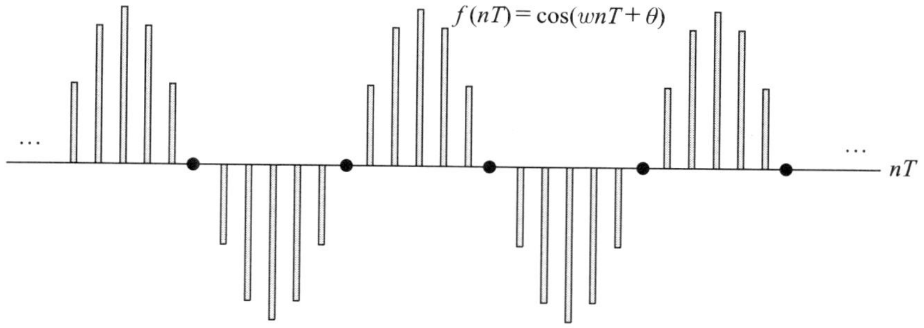


[그림 1.32] 정현수열

정현파 함수 $\cos wt$를 표본화하여 얻어지는 정현수열 $\cos wnT$도 주파수열이 되는지의 여부는 정현파 함수 $\cos wt$의 주기 $T_0$와 표본화주기 $T$ 사이의 관계와 밀접한 관련이 있다. 그러므로 $N$을 양의 정수라 하는 경우 $T$와 $T_0$ 사이에 식 (1-43)과 같은 관계가 있으면

$$NT = T_0 = \frac{2\pi}{w} \tag{1-43}$$

정현수열 $\cos wnT$는 반드시 주기 $N$의 주기수열이 된다. 그러나 식 (1-43)의 관계가 성립하지 않는 경우라도 식 (1-44)와 같은 경우를 만족하는 양의 정수 $N$ 및 $m$이 공약수를 갖지 않을 때는 정현수열 $\cos wnT$는 주기 $N$의 주기수열이 된다.

$$NT = mT_0 = \frac{2\pi m}{w} \tag{1-44}$$

## 2.4 표본화(sampling)

일반적으로 신호처리 시스템에서 처리되는 신호들은 연속신호가 대부분이며, 이산신호의 형태인 경우는 발견하기가 힘들다. 그러나 목적에 따라 연속신호를 이산신호로 변경하여 처리하는 경우가 발생한다. 예를 들면 사람의 목소리(또는 음성신호)는 대표적인 연속신호이다. 그러나 전화를 이용한 음성통신(voice communication)에서는 전화기를 통해 입력된 연속신호인 음성을 전화선을 통해 상대방 전화기에 전송하기 위해서 음성을 이산신호의 대표적인 형태인 디지털 데이터(digital data)로 변경한다. 이러한 연속신호를 이산신호로 변경하는 과정을 표본화(sampling)라고 한다. [그림 1.33]은 연속신호를 이산신호로 표본화하는 과정을 보여 주고 있다. [그림 1.33]의 (a)는 연속신호이며, (b)는 표본화된 연속신호를 나타낸다. 이렇게 표본화된 연속신호는 이산신호라 불릴 수 있다.

[그림 1.33]에서의 $T$는 표본화 주기(sampling period)라 하며, $\frac{1}{T}$는 표본화 주파수(sampling frequency) 또는 표본화율(sampling rate)이라 한다. 표본화시에 주의할 사항은 표본화 주기 $T$가 작으면 표본화된 이산 신호의 데이터양이 많아지고 표본화 주기 $T$가 커지면 원래의 신호의 특성을 잃게 된다. 따라서 표본화 시에는 적당한 표본화 주기를 설정하는 것이 중요하다.

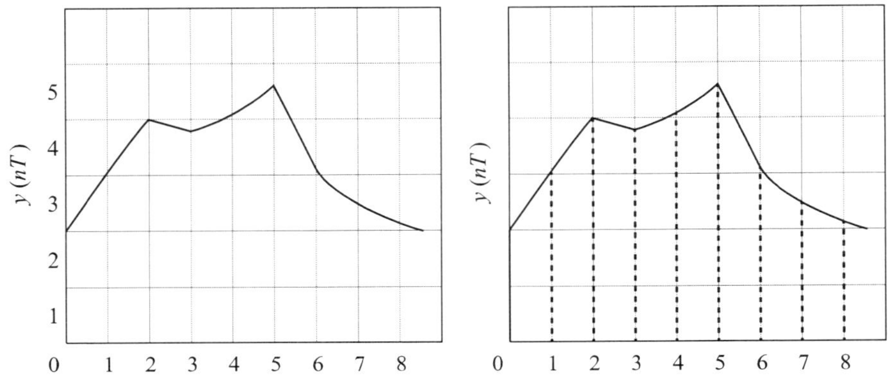


[그림 1.33] 연속신호의 표본화 과정

즉 연속시간 신호로부터 이산시간신호(discrete time signal)로 변환하는 과정의 기본이 되는 것이 표본화이다. 따라서 아날로그에서 디지털로의 변환이라고도 한다.

표본화는 주기 $T$를 갖는 주기적인 임펄스열 $p(t)$와 $x_c(t)$의 곱으로 정의됨으로 식 (1-45)가 된다.

$$x_s(t) = x_c(t)p(t) \tag{1-45}$$

따라서 표본화라는 것은 입력신호 $x(t)$에 등간격 임펄스열

$$p(t) = \sum_{k=-\infty}^{\infty} \delta(t-kT) \tag{1-46}$$

을 곱한 것으로 모델링할 수 있다.

그러나, 이 경우 표본화의 정의는 연속시간 임펄스 함수 $\delta(t-nT)$가 이론적으로 가능하나 실제로 발생시킬 수 없다. 그러므로 실제 표본화를 할 때에는 몇 가지 측정방법에 의해서 이산시간 sequence $x(n)$을 만들도록 한다. 이상적으로 원래

의 신호 $x_c(t)$와 표본화된 sequence $x(n)$을 [그림 1.34]에 보인다.

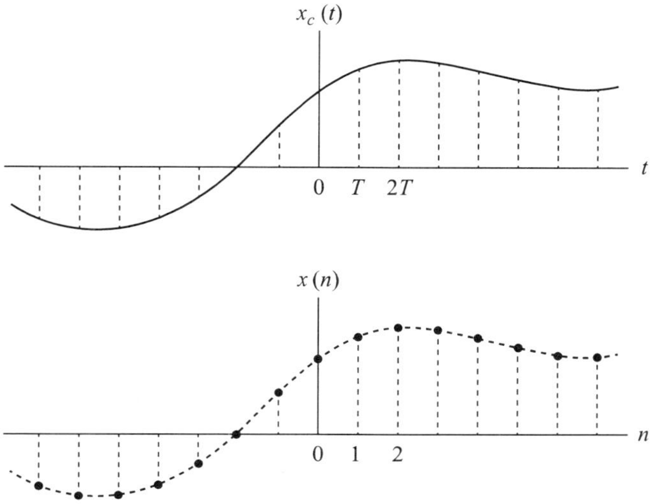


[그림 1.34] $x_c(t)$와 $x(n)$ 사이의 이상적인 표본화 관계

여기서 식 (1-47)과 같은 관련이 있다.

$$x(n) = x_c(nT) \tag{1-47}$$

$x_c(t)$는 $x(n)$을 만들어내기 위하여 동일한 시간 간격을 갖는 $t = nT$의 순간에서 정확하게 측정되는 것으로 할 필요가 있다. 그러나 $x_c(t)$에서 시간변화가 너무 급격하여 $x_c(t)$의 대역폭이 너무 크거나 $x_c(nT)$의 측정이 충분한 정확성을 갖지 않는다면 식 (1-47)은 단지 근사값이 될 뿐이다.
따라서 표준화된 신호는 가중된 임펄스열(weighted impulse train)인 식 (1-48)이 된다. [그림 1.35]는 이를 나타낸다.

$$\begin{aligned} y(t) = x(t)p(t) &= \sum_{k=-\infty}^{\infty} x(t)\delta(t-kT) \\ &= \sum_{k=-\infty}^{\infty} x(kT)\delta(t-kT) \end{aligned} \tag{1-48}$$

$$x(t)P(t) \leftrightarrow \frac{1}{2\pi} X(j\omega) * P(j\omega) \tag{1-49}$$

식 (1-48)의 푸리에변환은 식 (1-49)에 의하여

$$Y(j\omega) = \frac{1}{2\pi} X(j\omega) * P(j\omega) \tag{1-50}$$

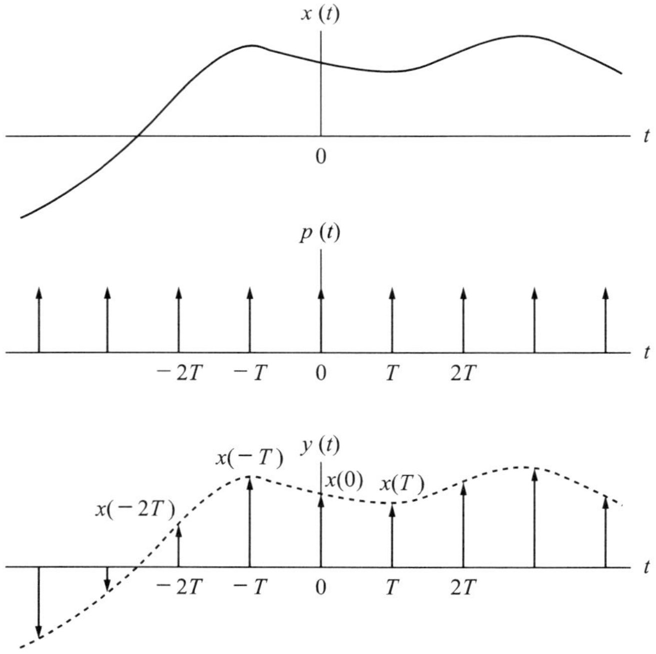


[그림 1.35] 이산시간 표본화의 시간영역

이고 $P(j\omega)$는 표본화 주파수 $\omega_s = \frac{2\pi}{T}$ 일 때 주기적 스펙트럼은 식 (1-51)과 같이 된다.

$$p(jw) = w_s \sum_{k=-\infty}^{\infty} \delta(w - kw_s) \tag{1-51}$$

이므로

$$\begin{aligned} Y(j\omega) &= \frac{1}{2\pi} X(j\omega) * \omega_s \sum_{k=-\infty}^{\infty} \delta(\omega - k\omega_s) \\ &= \frac{1}{T} \sum_{k=-\infty}^{\infty} X(j\omega) * \delta(\omega - k\omega_s) = \frac{1}{T} \sum_{k=-\infty}^{\infty} Xj(\omega - k\omega_s) \end{aligned} \tag{1-52}$$

식 (1-45)에서 신호 $x_s(t)$은 식 (1-53)과 같이 쓸 수 있다.

$$\begin{aligned} x_S(t) &= x_c(t) \sum_{k=-\infty}^{\infty} \delta(t - nT) = \sum_{n=-\infty}^{\infty} x_c(nT)\delta(t - nT) \\ &= \sum_{n=-\infty}^{\infty} x[n]\delta(t - nT) \end{aligned} \tag{1-53}$$

위 신호의 CTFT에 대한 다른 표현은 식 (1-54)로 주어진다.

$$
\begin{aligned}
X_s(j\omega) &= \int_{-\infty}^{\infty} x_s(t)e^{-j\omega t}dt \\
&= \int_{-\infty}^{\infty}\left[\sum_{n=-\infty}^{\infty} x_c(nT)\delta(t-nT)\right]e^{-j\omega t}dt \\
&= \sum_{n=-\infty}^{\infty} x[n]\int_{-\infty}^{\infty}\delta(t-nT)e^{-j\omega t}dt \\
&= \sum_{n=-\infty}^{\infty} x[n]e^{-j\omega nT}
\end{aligned}
\tag{1-54}
$$

그러나 이것은 $\Omega = \omega T$인 sequence $x[n]$의 DTFT $X(e^{j\Omega})$이다.
즉

$$X_s(j\omega) = X(e^{j\omega T}) \tag{1-55}$$

또는

$$X(e^{j\Omega}) = X_s(j\Omega/T) \tag{1-56}$$

따라서 식 (1-46)과 식 (1-56)을 조합하면 표본화하기 전의 CTFT $x_c(j\omega)$와 표본화하고 난 후의 DTFT $X(e^{j\Omega})$는

$$X(e^{j\omega t}) = \frac{1}{T}\sum_{k=-\infty}^{\infty} X_c[j(\omega - k\omega_s)] \tag{1-57}$$

또는 이와 유사하게

$$X(e^{j\Omega}) = \frac{1}{T}\sum_{k=-\infty}^{\infty} X_c\left[\frac{j(\Omega - 2\pi k)}{T}\right] \tag{1-58}$$

에 의하여 관련 있음을 알게 된다. 따라서 식 (1-58)은 $X(e^{j\Omega})$가 주기 $2\pi$를 갖는 주기함수라는 것을 뜻하며 스펙트럼 $x_c(j\omega)$에서 $\omega_0$(radians per second)일 때 주파수 성분은 표본화된 스펙트럼 $X(e^{j\Omega})$에서 $\Omega_0 = \omega_0 T$(radians)이고 0이 아닌 모든 정수 $k$에 대하여 $\Omega_k = \omega_0 T + 2\pi k$로부터 확실해진다. 그러므로 $|\Omega_0| < \frac{\pi}{T}$이면 $|\Omega_0| < \pi$이고 이 주파수성분은 표본화에 의해서 aliased되지 않는다. 그러나 $|\Omega_0| > \frac{\pi}{T}$이면 $|\Omega_0| > \pi$이고, $k \neq 0$인 경우에 대해서는 $|\Omega_k| < \pi$

이다. 즉 $\omega_0$에서 $X_c(j\omega)$의 성분은 $\Omega_k \neq \omega_0 T$인 구간 $|\Omega_k| < \pi$의 어떤 주파수 $\Omega_k$를 갖는 $X(e^{j\Omega})$에서 확실히 나타난다. 따라서 aliasing을 피하려면 $X_c(j\omega)$의 주파수성분은 잘 알려진 표본화정리의 하나인 식 (1-59)의 조건을 만족해야 한다.

$$|\Omega_0| < \frac{\pi}{T} \tag{1-59}$$

만약 $\omega_b$로 원래의 신호 $x_c(t)$의 대역폭을 정의하려면 모든 $\omega_0$에 대하여

$$|\omega_0| < \omega_b \tag{1-60}$$

이고 표본화 정리의 다른 표현은 $\omega_s = \dfrac{2\pi}{T}$ 이므로 간단히

$$\omega_s > 2\omega_b \tag{1-61}$$

이다. 즉 aliasing없이 아날로그 신호 $x_c(t)$를 표본화하려면 표본화 주파수 $\omega_s$는 신호의 대역폭 $\omega_b$보다 두 배 이상 커야함을 알 수 있다.

즉 식 (1-52)의 $Y(j\omega)$는 $X(j\omega)$를 주기적으로 반복하는데 이는 모든 $k$에 대해서 표본화 주파수 $\omega_s$의 정수곱마다 나타나도록 반복하고 있다. 이러한 $Y(j\omega)$의 스펙트럼에 대하여 중첩(aliasing)이 있는 경우와 없는 경우가 [그림 1.36], [그림 1.37]이다.

[그림 1.36]에서 원래의 신호 스펙트럼 $X(j\omega)$에 대한 대역폭 $\omega_b$는

$$\omega_s - \omega_b > \omega_b$$

혹은

$$\omega_s > 2\omega_b \tag{1-62}$$

위 조건을 만족하므로 $Y(j\omega)$에서 $X[j(\omega - k\omega_s)]$마다 반복하여도 서로 간에 겹치는 부분이 없다. 그러나 [그림 1.37]에서는 $X(j\omega)$의 대역폭이 위 조건을 만족하지 못하므로 $X(j\omega)$의 반복된 신호는 겹치게 되어 원래의 신호로 복원이 불가능하게 된다. 이 같은 중첩현상이 나타나지 않도록 하기 위해서는 식 (1-62)의 식을 만족해야 한다.

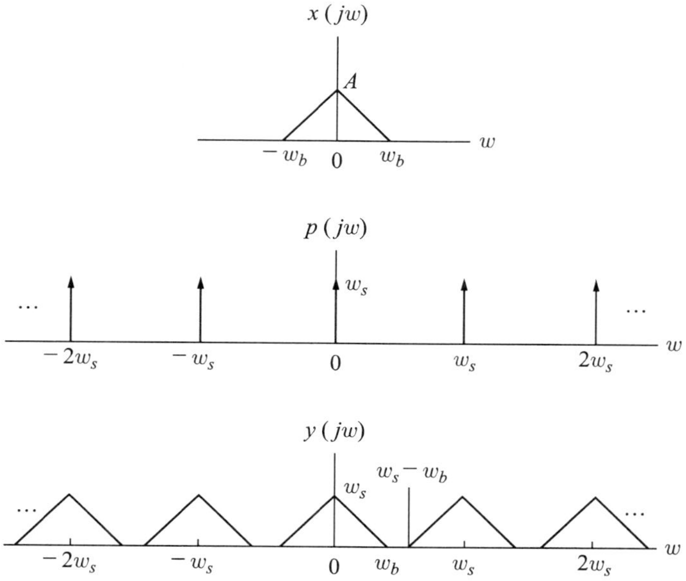


[그림 1.36] 중첩(aliasing)이 없는 표본화의 주기영역 예

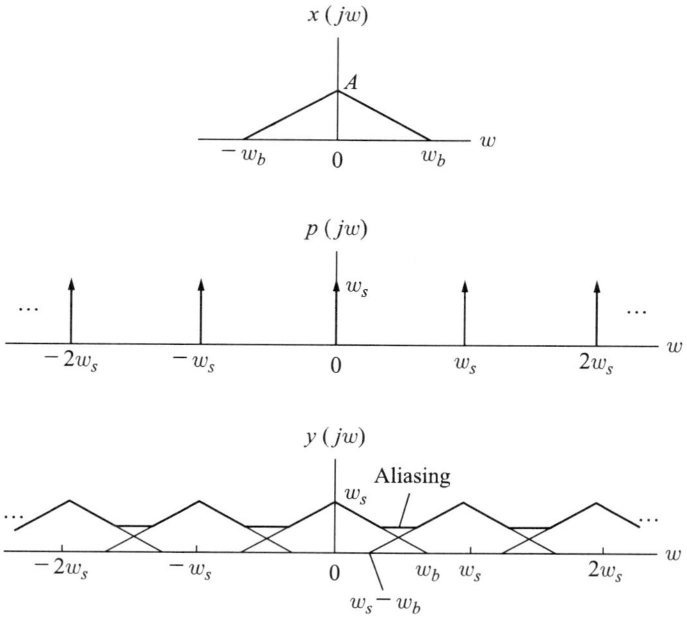


[그림 1.37] 중첩(aliasing)이 있는 표본화의 주기영역 예

## 2.5 신호의 양자화

이산신호 $y(nT)$에서의 이산시간($0,\ T,\ 2T,\ 3T,\ \cdots$)들은 이산값을 갖지만 진폭이라고 불리는 이산신호의 크기는 이산값만을 갖는 것이 아니다.

[그림 1.38]의 (a)에서 보면 이산시간 $3T,\ 5T,\ 7T$에서 신호의 크기가 각각 3.8, 4.6, 2.3을 나타내고 있다. 즉 소수의 형태, 즉 이산 신호의 크기를 나타내는 Y축 눈금에 일치하지 않는 신호의 크기는 이산 값이 될 수가 없으며, 이러한 신호의 크기들은 Y축 눈금에 일치하도록 하여야 하는 정수화를 시켜주어야 한다. 이를 양자화(quantization)라 하며 이와 같이 처리해 주는 장치를 양자화기(quantizer)라고 한다. 양자화 시키는 방법은 가까운 근사값 눈금에 강제적으로 일치시켜 주는 것으로 반올림 기법과 같다. 예를 들어 이산 시간 $3T$의 신호 크기인 3.8은 근접한 눈금인 4에 일치시키는 것으로 3.8을 반올림하면 4가 되는 것과 같다. 이렇게 [그림 1.38]의 (a)를 양자화한 신호를 양자화 신호(quantized signal)라 하며, 그림으로 표현한 것이 [그림 1.38]의 (b)이다.

이산신호는 근사값을 구하는 방식으로 양자화하므로 필연적으로 오차가 발생한다. 이 오차를 양자화오차(quantization error)라 한다.

지금 세 자리의 2진 부호(binary code)를 고려해 본 0과 1의 조합으로 이루어지는 수는 $2^3 = 8$개가 된다. [표 1.1]은 3자리의 2진 부호를 나타낸 것이다.

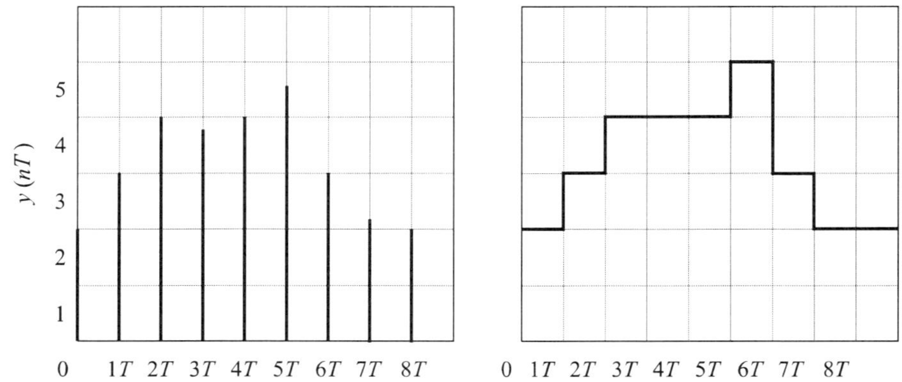

(a) 표본화된 연속 신호(이산 신호)    (b) 이산 신호의 양자화

[그림 1.38] 신호의 양자화 과정

▼ 표 1.1 3자리의 2진 부호

| 10진 전압치 | 2진 부호 | 10진 전압치 | 2진 부호 |
|---|---|---|---|
| 7 | 1 1 1 | 3 | 0 1 1 |
| 6 | 1 1 0 | 2 | 0 1 0 |
| 5 | 1 0 1 | 1 | 0 0 1 |
| 4 | 1 0 0 | 0 | 0 0 0 |

전송해야 할 내용이 8개 이내라면 0과 1의 조합 3개로 표현이 가능하고 0을 펄스의 off, 1을 펄스의 on으로 실현하여 전기적 디지털신호로 전송이 가능하게 된다는 것을 의미한다.

[그림 1.39]는 최대 7볼트(volt) 범위의 전기적인 신호를 8레벨(level)로 나누어서 신호를 표본화 했을 때의 개개 표본화 펄스값이 각각 1.6볼트, 2.8볼트, 1.2볼트, 6.3볼트, ……인 경우이다.

[그림 1.39]는 일반적인 PCM파형을 나타내고 (b)는 아날로그 신호를 8레벨로 레벨 나눔하여, 어떤 하나의 레벨값에 표본값을 대응(mapping)할 경우에 대한 양자화 PCM파형이다.

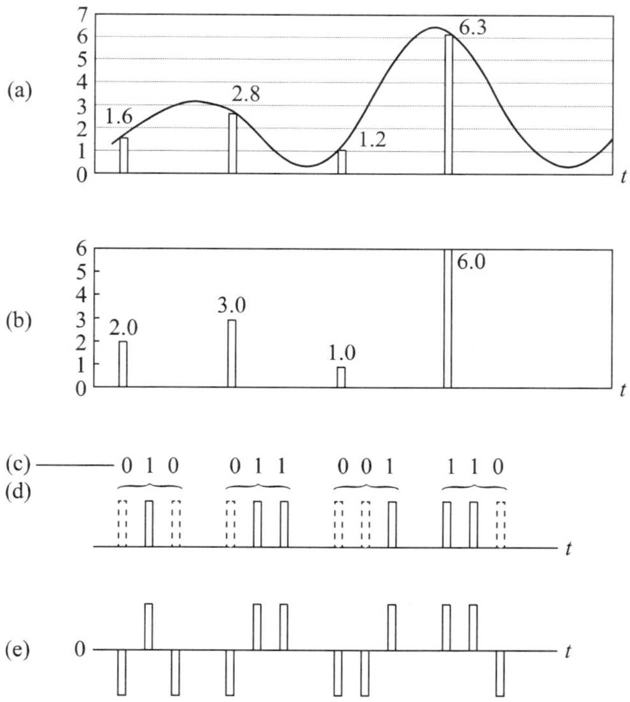


[그림 1.39] PCM에 있어서 양자화와 부호화의 원리

(c)는 이들 양자화된 값들을 사전에 미리 정해놓은 2진 부호값에 할당(assignment)

하는 부호화(encoding)과정을 나타낸다. (e)는 이들 2진 부호값들을 단극펄스 또는 쌍극펄스로 실현시킨 경우 각각의 파형이다.
[그림 1.40]은 q레벨 양자화기를 나타낸 것이다.

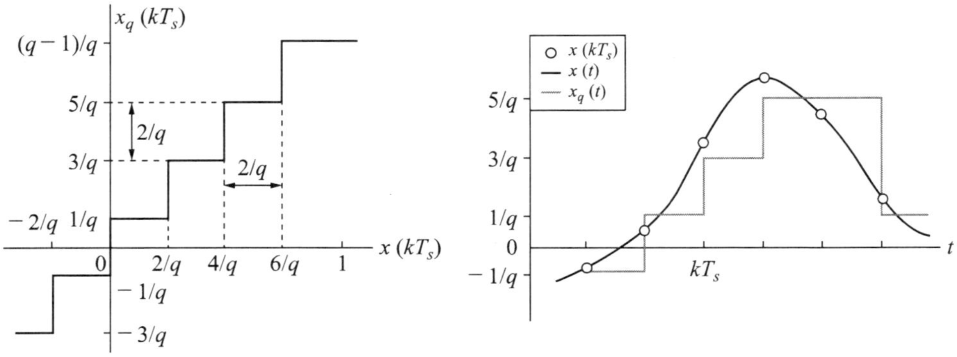


[그림 1.40] q레벨 양자화기

## 2.6 부호화

양자화된 신호를 다시 2진수로 나타내는 것을 부호화(encoding)라 한다. 부호화 후에 자리의 수를 일치시켜 주면서 모든 과정은 끝나게 되며 다음의 것이 있다.

### 2.6.1 아날로그 정보의 부호화

아날로그 정보는 아날로그 신호뿐만 아니라 디지털 신호로도 부호화가 가능하다. 부호화된 전자기적 신호는 변조를 통하여 전송매체가 수용할 수 있는 주파수 대역으로 옮겨지며, 부호화된 신호를 주파수 대역 이동없이 그대로 전송할 수도 있을 경우 이를 기저대 전송(baseband transmission)이라고 한다. 기저대 전송은 같은 주파수 대역을 갖는 여러 개의 신호를 하나의 매체를 통해서 동시에 전송할 수 없기 때문에 신호 수 만큼의 전송매체를 필요로 한다.

### 2.6.2 디지털 정보의 부호화

디지털 정보는 불연속적인 전압 펄스를 이용하면 간단히 디지털 신호로 부호화할 수 있다. 디지털 정보를 부호화하기 위하여 단순히 0과 1의 정보를 두 개의 전압값에 대응시키는 단순한 방법이 있으나 전송효율이나 동기화를 위하여 보다 복잡한 부호화 과정을 거치는 것이 일반적이다. 디지털 정보를 부호화하는 방법은 다음 것이 있다. [그림 1.41]은 이들에 대한 그림이다.

- RZ(return to zero)
- NRZ(non return to zero)
- NRZI(non return to zero inverted)
- 맨체스터 부호화(manchester coding)
- 차등 맨체스터 부호화(differential manchester coding)

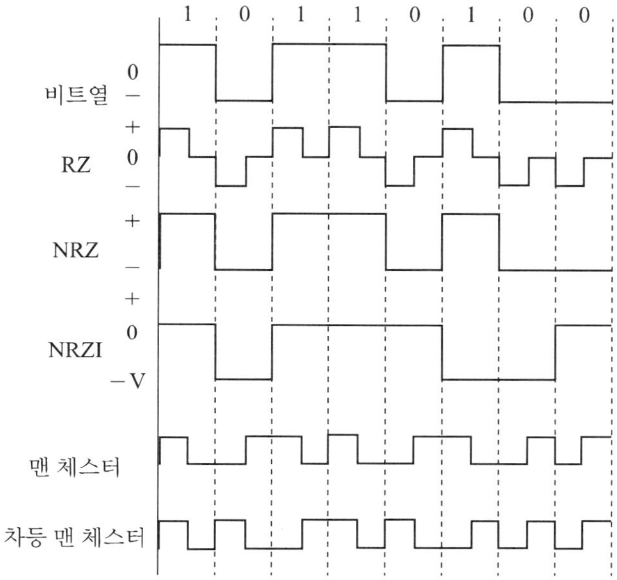


[그림 1.41] 디지털 정보의 부호화 종류

# 3 Analog신호 및 Digital신호와 전송

## 3.1 Analog신호와 Digital신호

### 3.1.1 아날로그신호(Analog signal)

아날로그신호는 [그림 1.42]와 같이 시간이나 주파수에 따라 그 크기와 주기가 끊임없이 변하는 전자기파형이다. 시간의 변화에 따라 신호가 연속적으로 이루어지므로 연속신호라고도 한다.

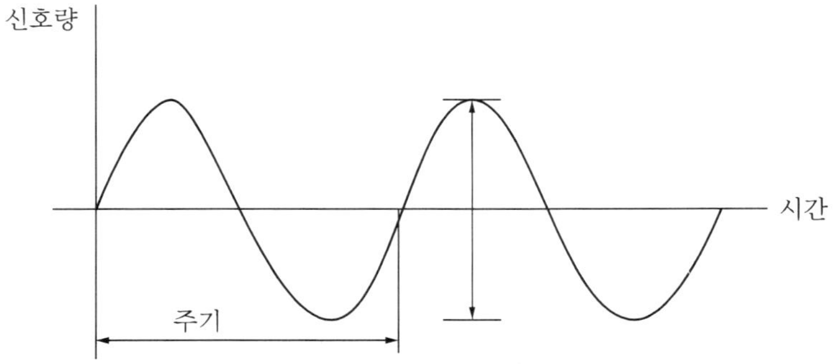


[그림 1.42] 아날로그신호

### 3.1.2 디지털신호(digital signal)

디지털신호는 [그림 1.43]과 같이 신호형태가 시간의 변화에 따라 급격하게 바뀌어 이산형신호라고도 한다. 즉 불연속적인 신호형태이며 이의 변화를 통하여 정해진 약속에 따라 정보를 해독하게 된다.

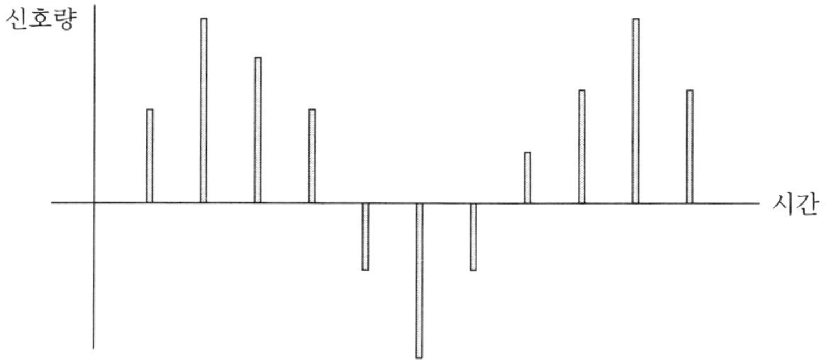


[그림 1.43] 디지털 신호

## 3.2 Analog전송과 Digital전송

### 3.2.1 Analog전송

아날로그전송이란 아날로그 데이터나 디지털 데이터 모두를 아날로그 신호로 변화시켜 전송하는 것을 말한다. 음성과 같이 아날로그 데이터는 전화와 같은 신호변환장치를 통해 우리에게 전달된다. 전기적인 신호가 아날로그 신호로 변환되어 전송되는 것이다. 컴퓨터에서 사용되는 2진 펄스 신호같은 디지털 데이터는 모뎀을 이용하여 아날로그 신호로 변환하여 전송한다. 아날로그 전송은 현재 사용되고 있는 전화망을 이용할 수 있다는 장점이 있으나, 신호가 일정 거리를 지나게 되면 그 세기가 감소되어 증폭기(amplifier)를 사용하여 감쇄된 신호를 증폭해 주어야 하는 단점이 있다. 또한 증폭기는 우리에게 필요한 신호만을 증폭하는 것이 아니고 우리에게 필요 없는 잡음까지 증폭하게 된다. 따라서 음성과 같은 아날로그 데이터인 경우에는 별 문제가 되지 않지만, 디지털 데이터인 경우에는 에러가 발생하게 된다. 따라서 아날로그전송은 디지털 데이터보다는 아날로그 데이터전송에 더 적합하다고 할 수 있다. [그림 1.44]는 아날로그 데이터와 디지털 데이터에 대한 전송방식을 나타낸 것이다.

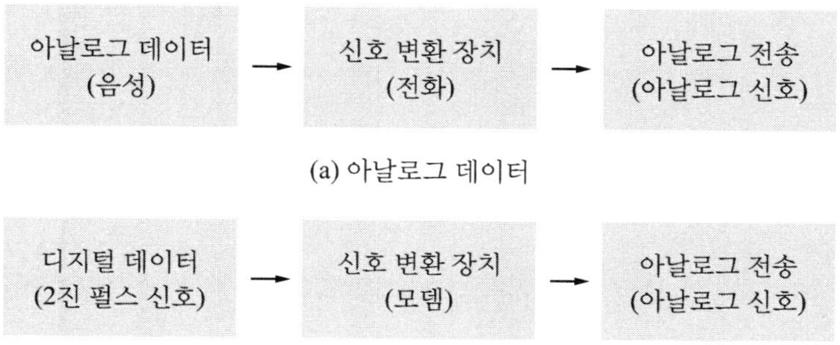


(a) 아날로그 데이터

(b) 디지털 데이터

[그림 1.44] 데이터 형식에 따른 아날로그 전송방식

### 3.2.2. 디지털전송(digital transmission)

디지털전송이란 [그림 1.45]와 같이 아날로그 데이터나 디지털 데이터 모두를 디지털신호로 변환시켜 전송하는 것을 말한다.

아날로그 데이터의 경우에는 코덱이란 신호 변환장치를 통해 디지털 신호로 변환시켜 전송하고 디지털 데이터의 경우에는 부호 변환기를 통하여 전송한다. 코덱(CODEC)이란 부호기(COder)와 복호기(DECoder)의 약자로서 아날로그 데이터를 디지털신호로 변환하거나 디지털신호를 아날로그 데이터로 변환시켜 주는 역할을 하는 것을 말한다.

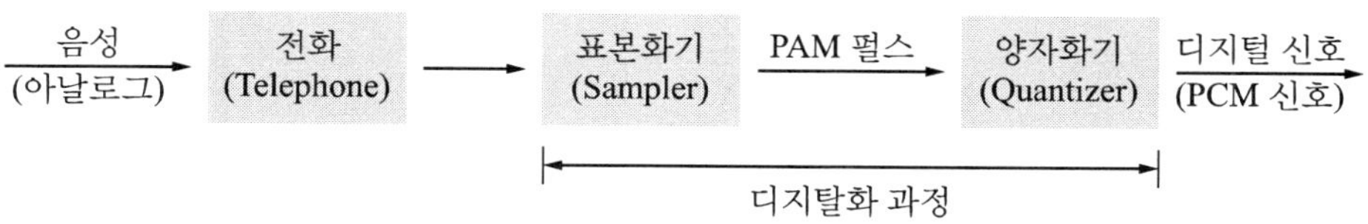


[그림 1.45] 코덱을 이용한 음성정보의 디지털화

[그림 1.45]는 코덱을 이용한 음성신호의 디지털 블록도이다.

디지털전송은 아날로그전송과 같이 신호가 일정 거리를 지나게 되면 그 세기가 감소되기 때문에 중계기(repeater)를 사용하여 감쇄된 신호를 증폭해 주어야 한다. 그러나 아날로그 전송에서와 같이 신호와 잡음을 모두 증폭하는 것이 아니고 신호만을 Repeater를 통해 증폭하기 때문에 아날로그 전송보다 에러가 적다.
그러므로 대부분의 전송 시스템은 디지털 전송시스템을 사용하고 있다. [그림 1.46]은 아날로그 데이터와 디지털 데이터에 대한 디지털 전송방식을 나타낸 것이다.

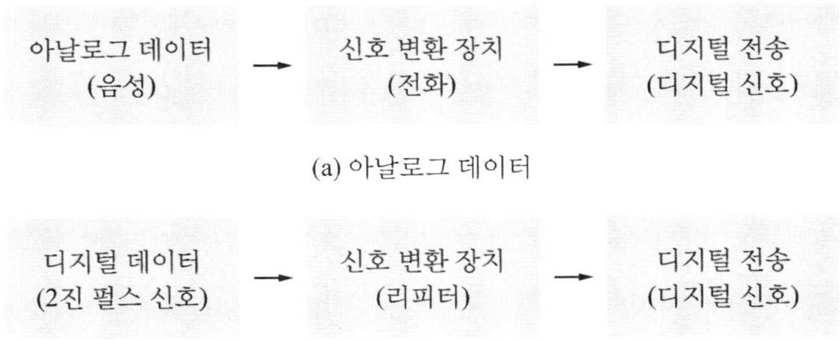


(a) 아날로그 데이터

(b) 디지털 데이터

[그림 1.46] 데이터 형식에 따른 디지털 전송방식

# 4 화재신호 처리원

화재신호 처리원은 화재신호를 수신하여 실제 동작할 수 있는 기기에 신호를 발신하는 장치이다. 중계기, 연동제어기, 수신기 등이 해당한다.

## 4.1 수신기

화재감지기나 발신기에서 발하는 신호를 직접 수신하거나 중계기를 통해 화재의 발생을 수신하는 장치를 말한다. 이후 설치된 건축물에 경보하여 주는 장치를 말한다.

### 4.1.1 일반적 수신기

(1) P형 수신기
감지기 또는 발신기로부터 발하여지는 신호를 직접 또는 중계기를 통하여 공통신호로서 수신하여 화재의 발생을 당해 소방대상물의 관계자에게 경보하여 주는 장치이다. P형 수신기는 전면에 표시장치, 스위치류, 계측기 등이 있으며 기타 전화잭이나 취급설명서가 부착되어 있다.

(2) GP형 수신기
P형 수신기의 기능에 가스누설경보기의 수신부 기능을 부가한 수신기이다.

(3) R형 수신기
감지기 또는 발신기로부터 발하여진 신호를 중계기를 통하여 각 회선마다 고유신호로서 수신한다. 이러한 경우 화재신호를 수신했을 때 기록하는 부호를 보면 알 수 있도록 되어 있으며 이를 소방대상물의 관계자에게 통보하는 기기이다.

(4) GR형 수신기
R형 수신기의 기능에 가스누설경보기의 수신부 기능을 부가한 수신기이다.

### 4.1.2 복합수신기

감지기 또는 발신기로부터 발하여지는 신호를 직접 또는 중계기를 통하여 공통신호 또는 고유신호로서 수신하여 화재의 발생을 당해 소방대상물의 관계자에게 경보하여 주고 제어기능을 수행하는 것을 말한다.

### 4.1.3 간이형 수신기

「화재예방, 소방시설 설치·유지 및 안전관리에 관한 법률 시행령」 제37조에서 규정하고 있는 수신기 및 가스누설경보기의 기능을 각각 또는 함께 가지고 있는 수신기이다. 간이형 수신기에는 화재수신용, 가스누설수신용, 화재수신용 및 가스누설수신용, 무선식이 있다.

### 4.1.4 축적형 수신기

P형 수신기, R형 수신기는 화재신호를 수신하고 난 후 5초 이내에 화재표시를 하도록 되어 있다. 그러나 비화재보의 발생이 설비의 신뢰도를 저하시키므로 이를 보완하기 위한 수신기이다.

### 4.1.5 다신호식수신기

화재신호를 맨 처음 수신기가 수신하면 주음향장치 및 지구표시장치를 작동시켜 수신기가 설치되어 있는 장소의 근무자에게 알리고 두 번째 화재신호를 수신하는 시점을 화재발생이라고 판단하여 소방대상물 전역에 통보할 수 있도록 한 수신기이다.

#### 4.1.6 아날로그식수신기

감지기로부터 화재신호를 수신하되 표시온도 또는 농도 등의 설정이 가능한 감도설정장치가 있는 수신기이다. 화재신호등의 주의표시를 할 정도에 도달한 것을 수신하면 주의등 및 주음향장치로 이상의 발생을 알리게 된다. 따라서 아날로그식감지기로부터 출력된 신호를 수신한 경우 예비표시 및 화재표시를 표시함과 동시에 입력신호량을 표시할 수 있어야 한다. 그러므로 수신기에는 작동레벨을 설정할 수 있는 조정장치가 있어야 한다.

### 4.2 중계기(Module)

감지기·발신기 또는 전기적접점 등의 작동에 따른 신호를 받아 이를 수신기의 제어반에 전송하는 장치를 말한다.

### 4.3 연동제어기

각 설비의 감지기 작동신호 및 수동조작함의 조작에 의해 설비의 기동장치를 제어하는 장치에 신호를 보내는 설비이다.

## 5 화재신호의 처리

### 5.1 감지기

[그림 1.47]은 화재를 감지한 화재감지기가 화재신호를 전송하는 방법이다. (a)는 화재감지기가 화재를 감지한 후 중계기에 신호를 전송하는 경우를 보인 것이며

(b)는 화재감지기의 화재신호를 수신기에 전송하는 경우를 보인 것이다. [그림 1.47]은 화재감지기가 화재에 의해 동작되어 신호를 어디로 전송하느냐만 생각할 수 있는데 화재발생시 화재감지기의 동작은 이미 배운 것이므로 여기에서는 간략히 설명한다.

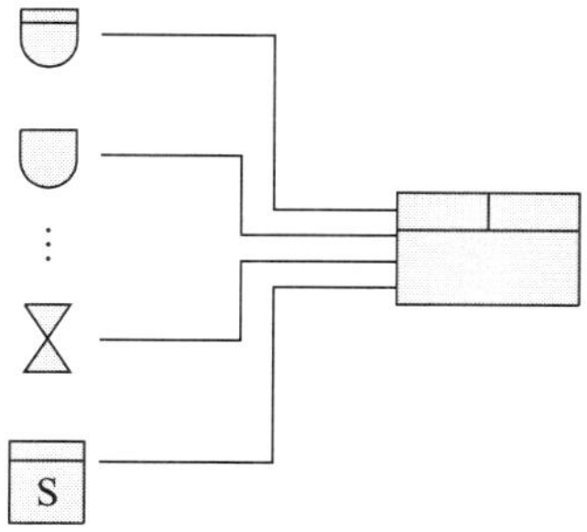


(a) 중계기에 전송

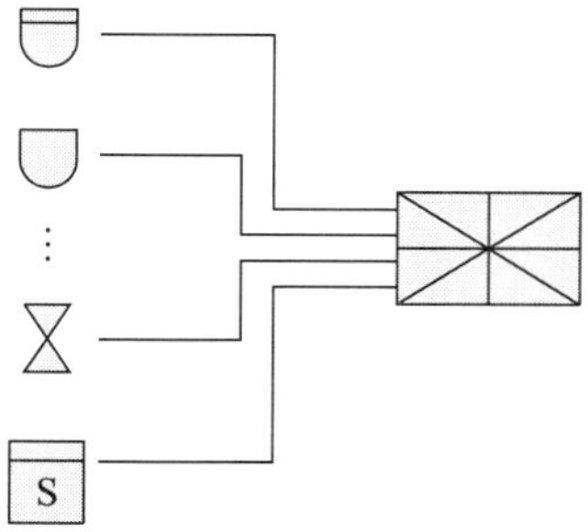


(b) 수신기에 전송

[그림 1.47] 화재신호의 전송

### 5.1.1 차동식 스포트형 감지기

[그림 1.48]은 차동식 스포트형 감지기 접점과 회로이다. 화재가 발생하여 어떠한 특성에서 접점이 동작하여 신호를 부여하고 그 신호를 어떻게 처리하는지 이해하여야 한다.

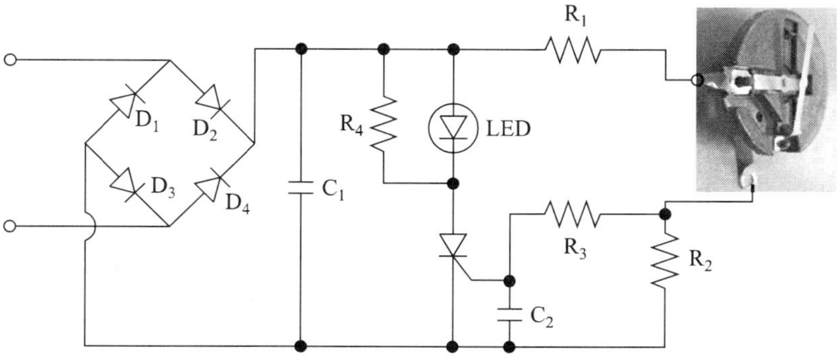


[그림 1.48] 차동식 스포트형 감지기 접점과 회로

### 5.1.2 차동식 스포트형(반도체식) 회로도

[그림 1.49]는 차동식 스포트형(반도체식) 회로도와 서미스터 특성이다.
화재시 발생되는 열을 써미스터의 특성 중 부성저항특성을 이용하여 화재신호를 전송할 수 있게 한 것이다.

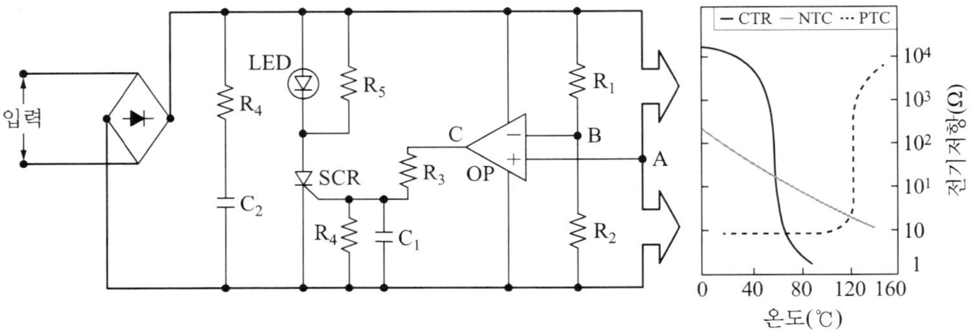


[그림 1.49] 차동식 스포트형(반도체식) 회로도

### 5.1.3 차동식 분포형 공기관식 감지기

[그림 1.50]은 차동식 분포형(공기관식) 감지기로 화재시 발생되는 온도를 공기관의 압력으로 검출기의 다이아프램을 붙이면 신호를 전송한다. 이 방식은 공기관의 길이와 다이아프램의 접점 간격이 어떻게 되느냐에 따라 화재신호 전송의 시간이 결정된다.

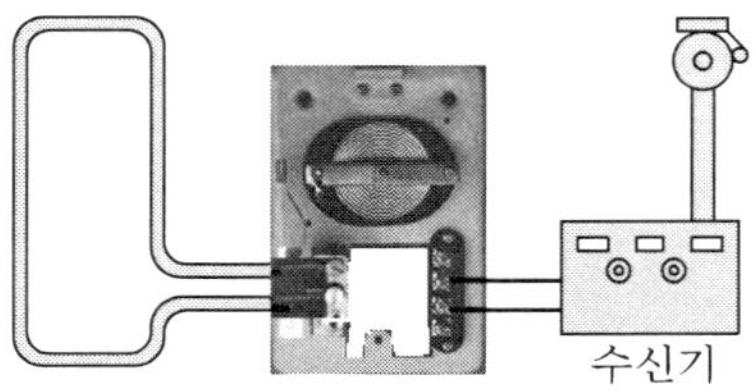


[그림 1.50] 차동식 분포형(공기관식)

### 5.1.4 정온식감지기

(1) 정온식 스포트형

[그림 1.51]은 정온식 스포트형 감지기의 구조와 동작을 보인 것이다. 화재발생구역에 설치된 감지기에 열이 도달하면 가동 접점이 고정접점을 붙이게 되고 이 접점이 화재 접점이 되어 중계기 또는 수신기에 신호를 발신하게 된다. 물론 이 신호는 미약하기 때문에 전자회로에 의한 신호증폭신호가 된다.

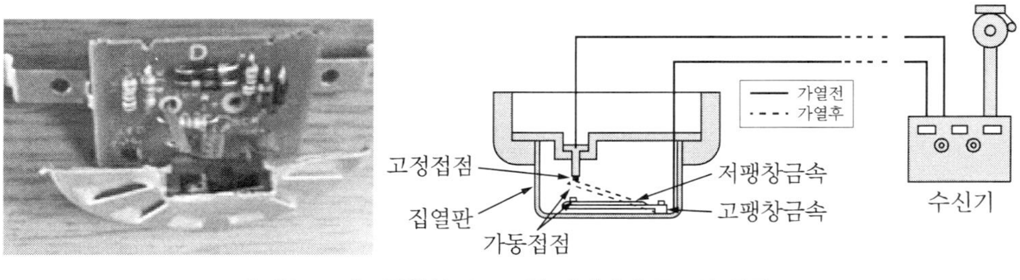


[그림 1.51] 정온식 스포트형 감지기의 구조와 동작

(2) 정온식 선형 감지기

가. 광센서 선형 감지기

광센서 선형 감지기는 광센서코어에 피복(Cladding)과 아크릴코팅을 한 다음 1.8mm정도의 스테인레스 강관에 넣어놓은 것이다. [그림 1.52]와 같이 스테인레스 스틸의 튜브관에 한 가닥의 광섬유를 내장시켜 놓은 것으로 분진, 방폭, 극저온, 다습지역에서 내구성이 강하며 $SO_2$, $NO_2$, CO 등에도 부식되지 않는다. 이를 사용하여 신호를 전송하는 방식은 Polling Address/ RS-485방식이며 수신기, 중계기에서 모두 사용이 가능하다.

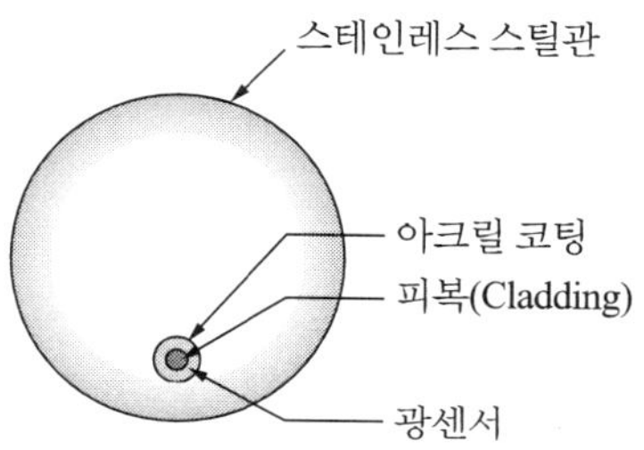


[그림 1.52] 광센서 선형 감지기

나. 정온식 감지선형

[그림 1.53]은 정온식 감지선형 감지기와 동작온도이다. (a)는 정상적인 경우의 감지선이나 화재가 발생되어 감지선이 설정된 동작온도에 도달하면 가용절연물이 녹아 도체인 피아노선이 접촉되므로 신호를 발신하게 된다. (b)는 동작온도 그래프이다.

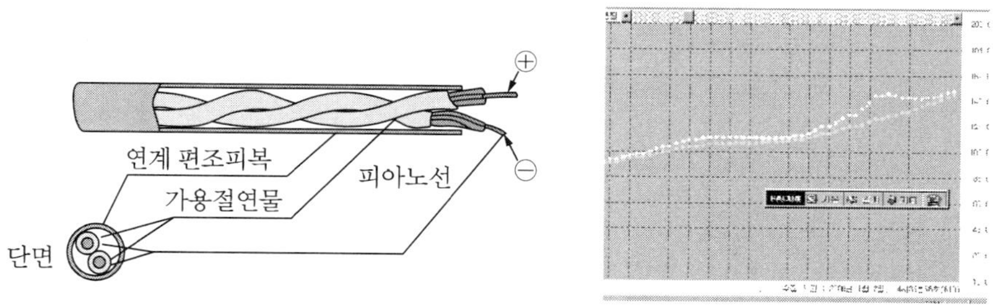


(a) 감지선형 구조

(b) 동작온도 그래프

[그림 1.53] 감지선형 감지기와 동작온도

### 5.1.5 연기감지기

연기는 광선을 흡수하기 때문에 연기량이 많아지면 사방이 보이지 않아 유도등이나 표시등이 잘 보이지 않게 되어 피난을 방해한다. 또 CO, $CO_2$, CL(염소),

HCN(시안화수소), HF(불소), HS(황화수소), NO(일산화질소), $NH_3$ 등 유독가스를 함유하고 있어 산소결핍의 원인이 된다. 연기의 유동이나 확산은 발생연량, 유동경로, 연기농도 등은 화재실의 연소발연현황, 유동경로의 형상, 길이, 개구조건, 건물 내외의 온도차 등과 외기의 풍향, 풍속 등을 포함한 압력조건 등에 의해 달라지므로 특성을 잘 이해하고 연기 감지를 생각하여야 한다.
이를 위해 연기의 절대농도, 상대농도, Lambert-Beer의 법칙, 감광계수, 가시거리, 광선차단성과 광학밀도 등도 이해하여야 한다.

(1) 광전식
광전식 감지기는 감광식과 산란광식이 있는데 [그림 1.54] (a)는 산란광식 연기감지기와 회로 불럭도를 보인 것으로 감지기내(라비린스가 감싸고 있는 부분)에 연기가 들어가면 발광부와 수광부 사이의 산란광 차이를 검출하면 이를 기초로 신호를 만들고 증폭하여 중계기 또는 수신기에 전달하게 된다. (b)는 감지영역 내에서 비화재보 요인을 카운터하여 화재신호와 구별하기 위한 것으로 발광 펄스신호를 3초간 발생하게 하고 이 신호가 3회 이상 입력되면 신호를 발신하고 그렇지 않으면 자동 복구되도록 하고 있다. 이는 화재경보에서 가장 문제가 되고 있는 비화재보를 감소시키기 위한 것이다.

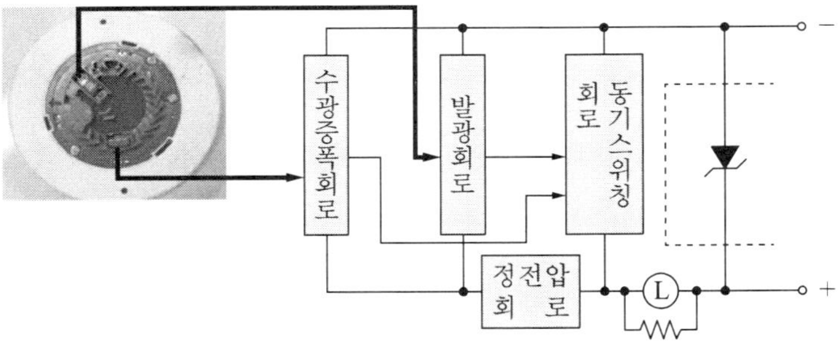


(a) 광전식 회로블럭도

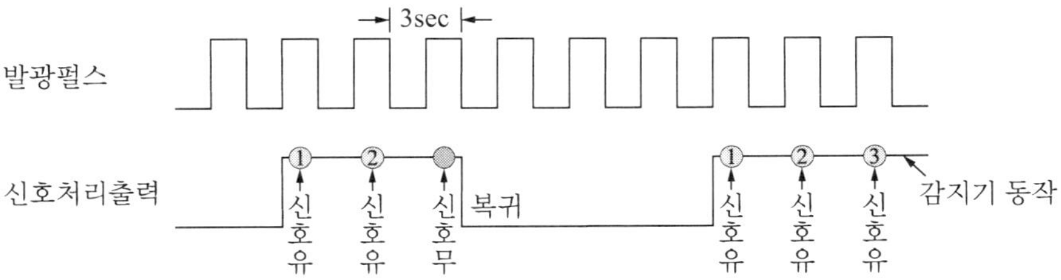


(b) 발광펄스와 신호처리

[그림 1.54] 광전식회로와 신호처리

(2) 2신호식

[그림 1.55]는 2신호 광전식감지기의 발광펄스신호이다. (a)는 감지기의 동작으로 발광펄스신호는 9초에 화재감지 후 확인 2로 총 3회씩 신호를 발생하게 한 것이다. 그것은 화재를 감지한 신호 발생 후 2회의 확인 신호로 화재경보를 하고 있어 3펄스 방식이 된다. (b)는 방배연용일 경우 적용할 수 있는데 맨 처음의 발생펄스를 화재감지라고 하면 다음펄스로 이를 확인하고 계속 연속적으로 신호를 30초간 보내게 된다.

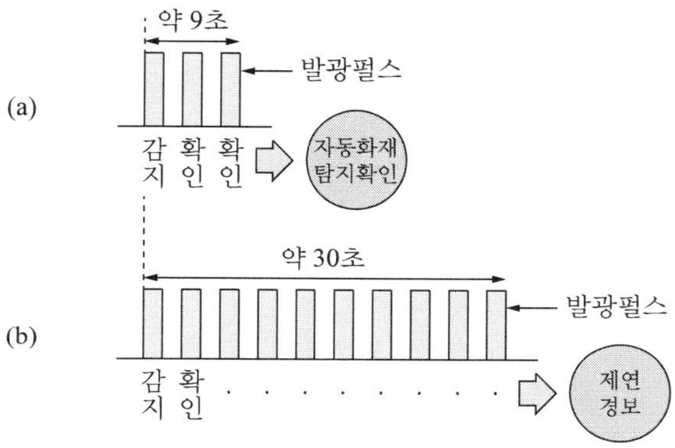


[그림 1.55] 2신호 광전식감지기의 발광펄스신호

### 5.1.6 아날로그감지기

[그림 1.56]은 아날로그감지기의 동작신호이다. 이 경우 화재수신기는 아날로그 신호를 수신할 수 있는 기능이 있어야 한다. 화재감지기는 단계별 경보출력으로 예비경보, 화재경보, 설비연동 신호를 수신기에 송수신하는데 예비경보전에 정해진 시간에 따라 수신기와 연계된 동작을 계속하여 비화재보 방지에 효과적이다.

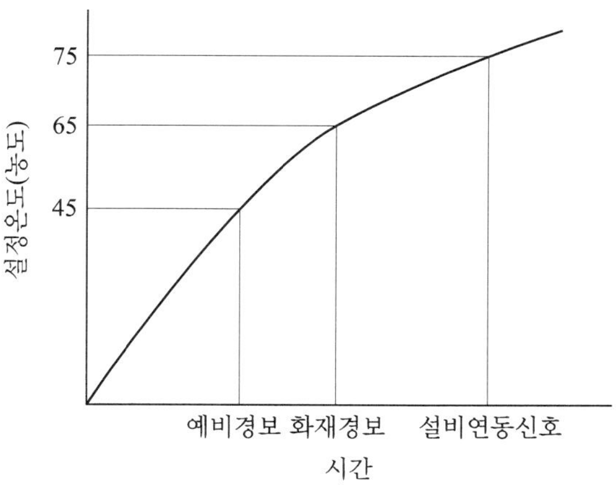


[그림 1.56] 아날로그 동작신호

## 5.2 중계기

감지기 또는 발신기 작동에 의한 신호 또는 가스누설경보기의 탐지부에서 발하여진 가스누설신호를 수신하여 이를 수신기, 가스누설경보기, 자동소화설비의 제어반에 발신한다. 신호는 소화설비, 제연설비 그 밖에 이와 유사한 방재설비에 제어신호를 발신하며 일반중계기와 무선식 중계기가 있다.

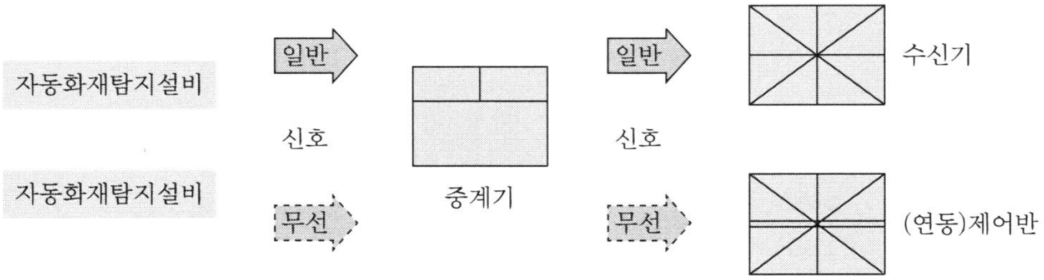


[그림 1.57] 중계기 신호 전송

중계기에서의 Polling예를 설명한다.

### 5.2.1 화재발생에서 지구음향벨 울림까지의 최대시간

(1) 화재발생시 중계기가 소비하는 시간 최대 3.4[s]
(2) 화재발생시 중계기에서 수신기에 전송하는 시간 최대 0.5[s]
(3) 수신기로부터 지구벨 울림을 전달해서 지구벨 울림을 할 때까지의 시간 최대 0.5[s]
(전송 0.2[s] + 수신기, 중계기의 내부 처리시간 0.1[s] + $\alpha$)

계 최대 4.4[s]

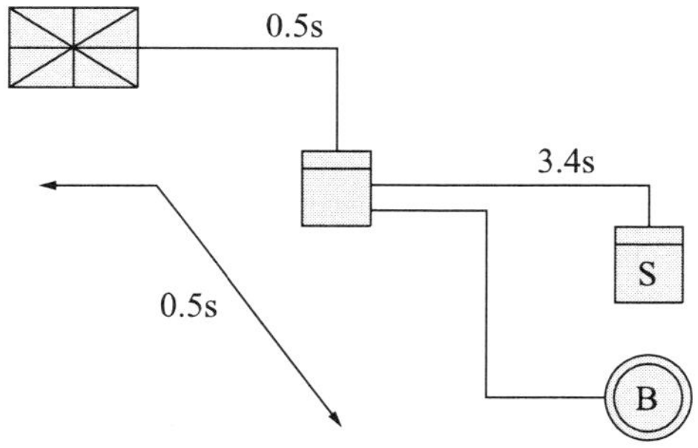


[그림 1.58] 화재발생과 울림시간

### 5.2.2 Polling주기가 3.4s가 되는 예

화재unit에 다음의 패턴이 접속되었을 때

| 1L | 2L | 3L | 4L | 5L | 6L | 7L | 8L |
|---|---|---|---|---|---|---|---|
| 17 | 17 | 17 | 17 | 17 | 17 | 17 | 9 |

계 감지기 수량 128개/ 1화재 unit

이는 중계기의 화재 unit 1회선당 어드레스 감지기가 16개까지는 분할폴링 하지 않지만 17개가 넘으면 1회선마다 Polling 분할된다. 또 1개의 화재 unit(8회선)에는 최대 128개까지 어드레스 감지기가 부착되기 때문에 폴링수량이 최대가 되는 것은 다음 접속 패턴의 때이다.

| 1L | 2L | 3L | 4L | 5L | 6L | 7L | 8L |
|---|---|---|---|---|---|---|---|
| 17 | 17 | 17 | 17 | 17 | 17 | 17 | 9 |
| ↓ | ↓ | ↓ | ↓ | ↓ | ↓ | ↓ | ↓ |
| 2 | 2 | 2 | 2 | 2 | 2 | 2 | 1 |

Polling 수량 15회

다음 1개의 감지기마다 정보량(패킷 길이)은 그 데이터 구성에 의해서 11.9 ms～13.3ms의 범위로 다르고 각 Polling의 시작 시점에서 필히 20ms+11.7ms×2의 시간이 발생한다.

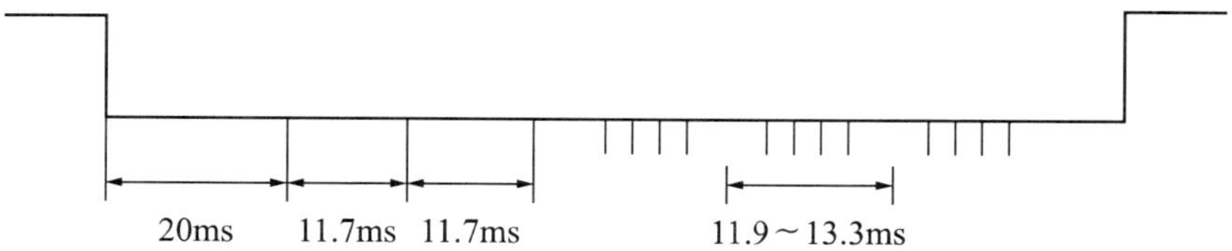


[그림 1.59] 패킷

패킷길이를 길게 적용하여 13ms로 하면

13ms × 128개 + (20ms + 11.7 × 2) × 15회 = 1.664 + 0.651 = 2.315s

중계기의 주정보처리부 CPU와 전송 CPU사이에 정보를 주고 받는 시간으로서 1회의 Polling당 약 70ms의 수동시간과 기다리는 시간이 발생한다.

그러므로 70ms × 15회 = 1.050s

따라서 총 Polling주기는 2.315 + 1.050 = 3.365 약 3.4s가 된다.

## 5.3 중계기에서의 신호전달

### 5.3.1 신호선

소방시스템에 사용하는 신호선은 전송하는 신호가 매우 약하므로 전자파 및 전자유도에 의한 영향을 받을 수 있으므로 동테이프나 알루미늄테이프를 감거나 동선을 편조한 차폐선(Shield wire)을 사용하여야 한다. 이때 신호선 2가닥을 서로 꼬아 자계를 서로 상쇄시키도록 한 선을 Twisted pair cable이라고 한다. 이는 하나의 건축물에서 데이터의 전송이 적은 네트워크를 구성할 때 주로 사용한다.

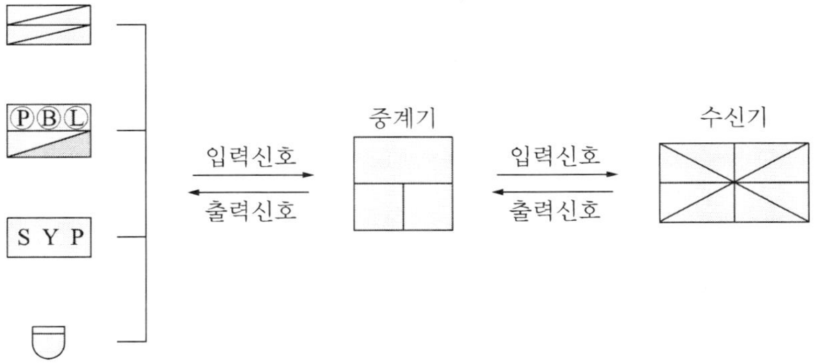


[그림 1.60] 중계기의 신호전송

### 5.3.2 광섬유케이블

광섬유는 전기신호를 광신호로 변환시켜 유리섬유를 통하여 전달하는 케이블이다. 넓은 광역대와 높은 전송속도로 장거리 네트워크 구성시 사용되고 있다.

## 5.4 수신기와의 접속

[그림 1.61]은 수신기와의 접속도이다. 화재감지기외에 발신기가 접속되어 있다.

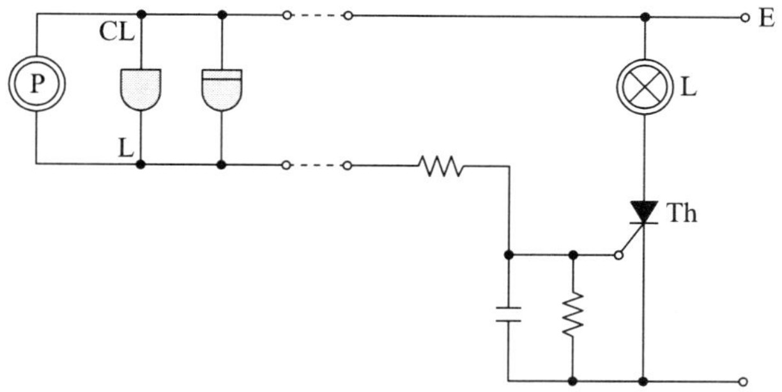


[그림 1.61] 수신기와의 접속

## 5.5 종합제어반에서의 신호전달

### 5.5.1 구성

[그림 1.62]는 종합제어반의 1면 구성 예이다.

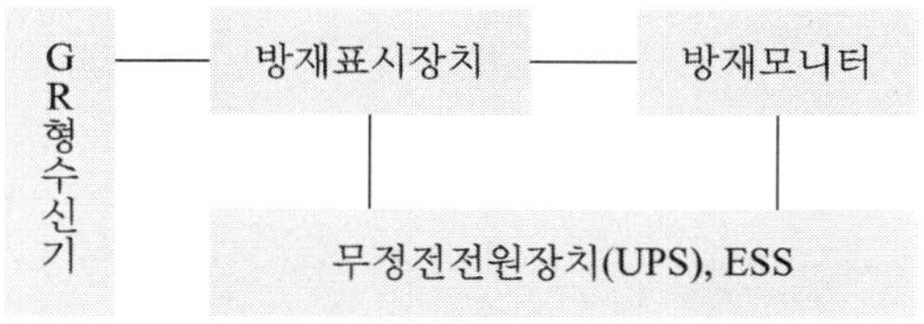


[그림 1.62] 종합제어반 1면 구성 예

### 5.5.2 종합제어반과 소방설비등과의 신호전송

[그림 1.63]은 종합제어반과 소방 및 관련설비등과의 신호전송을 나타낸 것이다. 종합제어반과 관련된 소방설비등은 다음과 같은 설비가 있다.

(1) 옥내소화전설비

(2) 스프링클러설비

(3) 물분무소화설비

(4) 포소화설비

(5) 이산화탄소소화설비

(6) 불활성가스소화설비
(7) 분말소화설비
(8) 옥외소화전설비
(9) 자동화재탐지설비
(10) 가스누설경보설비
(11) 비상경보설비
(12) 유도등설비(자동화재탐지설비 연동)
(13) 제연설비
(14) 연결살수설비(선택밸브설치시)
(15) 연결송수관(가압송수장치 설치시)
(16) 비상콘센트설비
(17) 무선통신보조설비(증폭기설치시)
(18) 방재설비등(방화, 방연, 비상조명, 비상엘리베이터등)
(19) 기타설비(공조, 급배수, 전력..등)

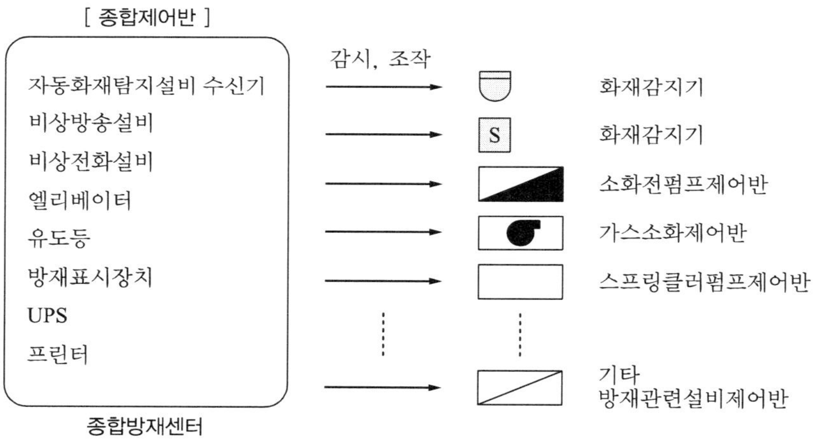


[그림 1.63] 종합제어반과 소방 및 관련설비등과의 신호전송

# 1 연습문제

**문제 1-1** 우리나라 교류전원(AC : alternating current)의 상용주파수는 60 Hz이다. 이 상용주파수에 대한 각속도($w$)를 구하라.

**문제 1-2** $v(t)=200\sin 100\pi t\ V$로 표시되는 정현파 전압이 있다. 이 정현파의 주파수와 $t=\frac{1}{200}$sec인 순간의 전압을 구하라.

**문제 1-3** 50 Hz의 주파수를 갖는 정현파가 $t=5$msec를 통과할 때의 각속도를 구하라.

**문제 1-4** 어느 정현파가 $2\times10^{-3}$sec에서 주파수 4Hz를 갖는다. 이 정현파의 주기와 주파수를 구하라.

**문제 1-5** 각속도가 100rad/sec인 정현파가 있다. 이 정현파가 90°의 각도를 통과할 때의 시간을 구하라.

**문제 1-6** PCM에 있어서 양자화와 부호화의 원리를 그림으로 설명하시오.

**문제 1-7** Analog전송과 Digital전송에 대하여 설명하시오.

**문제 1-8** 화재감지기에서의 신호처리에 대하여 설명하시오.

**문제 1-9** 신호전달에 사용되는 케이블에 대하여 설명하시오.

Chapter 2

# 이산시스템처리

# 1 신호의 표본화

연속신호는 표본화(sampling)과정을 통해 이산신호로 변화시킬 수 있다. 이에는 몇 가지 종류가 있으나 여기서는 이상적인 표본화인 임펄스표본화(impulse sampling)를 예로 하여 기본원리를 알아보기로 한다.
[그림 2.1]은 임펄스 표본화기(impulse sampler)의 블록선도로서 $p(t)$는 주기단위 임펄스(periodic unit impulse sampler)이며 이것을 표본화함수(sampling function)라 한다. 표본화기(sampler)는 일종의 아날로그 승산기이다. [그림 2.1]에서의 임펄스 표본화기의 출력을 $x_p(t)$라 하면 다음의 관계가 성립한다.

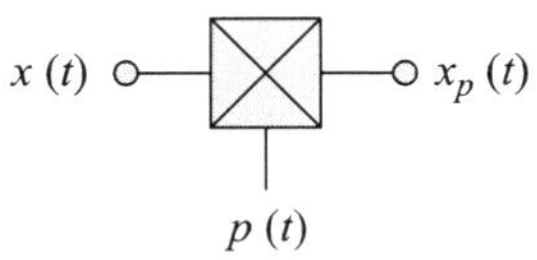


[그림 2.1] 임펄스 표본화기

$$x_t = x(t)p(t) \tag{2-1}$$

단,
$$p(t) = \sum_{n=-\infty}^{\infty} \delta(t - nT) \tag{2-2}$$

따라서 $x_p(t)$는 다음과 같이 된다.

$$x_p(t) = \sum_{n=-\infty}^{\infty} x(nT)\delta(t - nT) \tag{2-3}$$

[그림 2.2]에서 (a), (b) 및 (c)는 각각 $x(t)$, $p(t)$ 및 $x_p(t)$를 나타낸 것으로 그림에서 보는 바와 같이 $x_p(t)$는 그 포락선이 $x(t)$와 같은 일종의 임펄스이다.
$x_p(t)$는 연속신호이며 이산신호는 아니지만 $x_p(t)$에서 세기 $x(nT)$에만 주목하고 시간을 이산적으로 취급하면 [그림 2.2] (d)와 같은 이산신호 $x(nT)$를 얻는다.
$x_p(t)$의 푸리에 변환 $X_p(j\omega)$는 다음과 같이 된다.

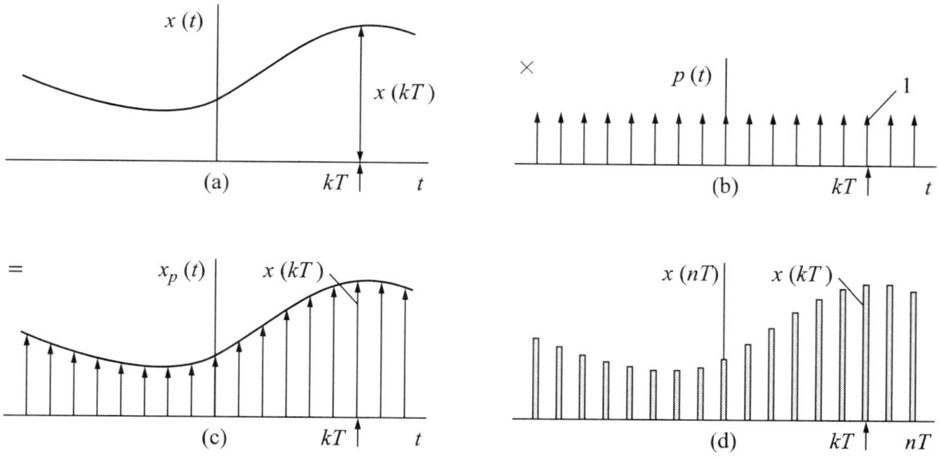


[그림 2.2] 임펄스 표본화에서의 신호

$$X_\rho(jw) = [\sum_{n=-\infty}^{\infty} x(nT)\delta(t-nT)]$$

$$= \sum_{n=-\infty}^{\infty} x(nT)[\delta(t-nT)] \qquad (2\text{-}4)$$

$$= \sum_{n=-\infty}^{\infty} x(nT)e^{jwnT}$$

또한 이산신호 $x(nT)$의 푸리에변환 $X_D(e^{j\omega T})$는 다음과 같다.

$$X_p(e^{jwT}) = X_p(z)|_{z=e^{jwT}} = \sum_{n=-\infty}^{\infty} x(nT)e^{-jwnT} \qquad (2\text{-}5)$$

그러므로 식 (2-4)와 식 (2-5)로부터 식 (2-6)이 된다.

$$X_\rho(j\omega) = X_\rho(e^{j\omega T}) = \sum_{n=-\infty}^{\infty} x(nT)e^{j\omega nT} \qquad (2\text{-}6)$$

따라서 $x_p(t)$의 푸리에변환과 이산신호 $x(nT)$의 푸리에변환은 동일하다.

## 2 표본화 정리

연속신호 $x(t)$의 푸리에변환을 $X(j\omega)$라 하면

$$x(t) \overset{F}{\longleftrightarrow} X(j\omega) \tag{2-7}$$

연속신호 $x(t)e^{j\Omega t}$의 푸리에변환은 다음과 같이 된다.

$$x(t)e^{-j\Omega t} \quad \longleftrightarrow \quad X(j\omega + j\Omega) \tag{2-8}$$

이를 프와송의 합공식(Poisson's summation formula)에 의해 $x(t)$를 표본화하여 얻어지는 이산신호 $x(nT)$와 $x(t)$의 푸리에변환 $X(j\omega)$ 사이에는 다음의 관계가 성립된다.

$$\sum_{n=-\infty}^{\infty} x(nT) = \frac{1}{T} \sum_{n=-\infty}^{\infty} X(jn\omega_s) \tag{2-9}$$

단

$$\omega_s = \frac{2\pi}{T} \tag{2-10}$$

따라서, 식 (2-8)에 식 (2-9)의 관계를 적용하면

$$\sum_{n=-\infty}^{\infty} x(nT)e^{-\Omega_n T} = \frac{1}{T} \sum_{n=-\infty}^{\infty} X(jn\omega_s + j\Omega) \tag{2-11}$$

식 (2-11)에서 $\Omega$를 $\omega$라 하면 식 (2-12)가 된다.

$$\sum_{n=-\infty}^{\infty} x(nT)e^{-j\omega nT} = \frac{1}{T} \sum_{n=-\infty}^{\infty} X(j\omega + jn\omega_s) \tag{2-12}$$

여기서 $x(nT)$의 $z$변환을 $X_D(z)$라 하면, 식 (2-12)로부터 식 (2-13)이 된다.

$$X_p(z)|_{z=e^{j\omega T}} = \frac{1}{T} \sum_{n=-\infty}^{\infty} X(j\omega + jn\omega_s) \tag{2-13}$$

식 (2-13)은 $x(t)$의 푸리에변환 $X(j\omega)$와 $x(nT)$의 $z$변환 $X_D(z)$ 사이에 성립하는 중요한 관계식이다.

그런데 식 (2-12)에서 $nT$를 $n$로 치환하면 $x(nT)$는 $x(n)$로 되고 $e^{-j\omega nT}$는 $e^{-j\omega n}$로 된다. 여기서 $e^{-j\omega nT}$가 $e^{-j\omega n}$으로 된 것은 $\omega T$를 $\omega$로 바꿔 놓은 것이라 할 수 있다. 그러므로 식 (2-12)는 다음과 같이 된다.

$$\sum_{n=-\infty}^{\infty} x(n)e^{j\omega n} = X_p(e^{j\omega}) = \frac{1}{T}\sum_{n=-\infty}^{\infty} X(j\frac{\omega}{T} + jn\omega_s) \qquad (2\text{-}14)$$

식 (2-14)는 식 (2-12)와 같은 내용으로서 $x(n)$의 $z$변환과 $x(t)$의 푸리에변환 $X(j\omega)$ 사이에 성립하는 중요한 관계식이다.

이제까지의 설명으로부터 알 수 있는 것은 $x(t)$를 표본화하여 얻어지는 이산신호를 $x(nT)$라 할 경우, $x(t)$의 푸리에변환 $X(j\omega)$와 $x(nT)$의 $z$변환 $X_D(z)$ 사이의 관계는 식 (2-9)와 같다는 것이다. 그러나 $x(t)$를 표본화하여 얻어지는 이산신호를 $x(n)$이라 할 경우, $x(t)$의 푸리에변환 $X(j\omega)$와 $x(n)$의 $z$변환 $X_D(z)$ 사이의 관계는 식 (2-14)와 같다.

그러므로 식 (2-14)에 따라 $x(n)$의 푸리에변환 $X_D(e^{j\omega})$와 $x(n)$에 대응하는 연속신호 $x(t)$의 푸리에변환 $X(j\frac{\omega}{T})$ 사이에는 다음 관계가 성립한다.

$$X_p(e^{j\omega}) = \frac{1}{T}\sum_{T=-\infty}^{\infty} X(j\frac{\omega}{T} + jr\omega_s),\ \omega_s = \frac{2\Pi}{T} \qquad (2\text{-}15)$$

따라서 연속신호 $x(t)$의 푸리에변환 $X(j\omega)$, $x(t)$를 임펄스 표본화하여 얻은 신호 $x_p(t)$의 푸리에변환 $X_p(j\omega)$, $x_p(t)$를 A/D변환하여 얻어지는 이산신호 $x(nT)$의 푸리에변환 $X_D(e^{j\omega T})$ 사이에는 식 (2-6)과 식 (2-15)에 의하여 식 (2-16)이 성립함을 뜻한다.

$$X_p(j\omega) = X_p(e^{j\omega T})\frac{1}{T}\sum_{n=-\infty}^{\infty} X(j\omega + jn\omega_s) \qquad (2\text{-}16)$$

단, $T$는 표본화 주기(sampling period), $\omega_s$는 표본화 주파수(sampling frequency)로 $\omega_s = \frac{2\pi}{T}$이다. 즉 $X_p(j\omega)$와 $X_D(e^{j\omega T})$는 모두 $\omega$에 관한 주기함수이며 그 주기는 $\omega_s$이다.

[그림 2.3]은 $X(j\omega)$와 $X_p(j\omega)$의 관계를 식 (2-16)에 따라 나타낸 것이다. $X(j\omega)$는 (a)에서 보는 바와 같이 주파수 대역폭이 $\omega_M$으로 제한되어 있다고 가정할 때

$$X(j\omega) = 0,\ |\omega| > \omega_M \qquad (2\text{-}17)$$

$X(j\omega)$가 $\omega_s = \dfrac{2\pi}{T}$의 관계를 만족할 때 $x(t)$는 $\omega_M$대역 제한되어 있다고 한다. 식 (2-16)에 의하면 $X_p(j\omega)$는 [그림 2.3] (b) 또는 (c)와 같이 $\dfrac{1}{T}X(j\omega)$를 $\omega$축 상에 $\omega_s$간격으로 나열한 것과 같다. 그림 (b)는 $\omega_M \le \dfrac{\omega_s}{2}$일 경우를, 그림 (d)는 $\omega_M > \dfrac{\omega_s}{2}$의 조건일 때를 나타낸다. $\omega_M \le \dfrac{\omega_s}{2}$의 경우에는 $X_p(j\omega)$의 파형에서 $X(j\omega)$파형의 중복(overlap)현상이 발생되지 않으며, $\omega_M > \dfrac{\omega_s}{2}$일 때는 $X(j\omega)$파형의 중복현상이 발생하게 된다. 따라서 파형의 중복현상이 발생하는 $\omega_s$의 한계값은 $2\omega_M$이다.

$\omega_s = \dfrac{2\pi}{T}$이므로 $\omega_M$가 정해져 있을 경우에는 표본화주기를 $T$조절함으로써 한계상태를 실현할 수 있다. 이와 같은 한계상태의 표본화주파수 $\omega_s$를 나이퀴스트 주파수(nyquist frequency) 또는 나이퀴스트율(nyquist rate)이라 한다. 표본화주파수가 나이퀴스트 주파수보다 클 경우에는 $X_p(j\omega)$에서 $X(j\omega)$파형의 중복현상은 발생하지 않게 된다.

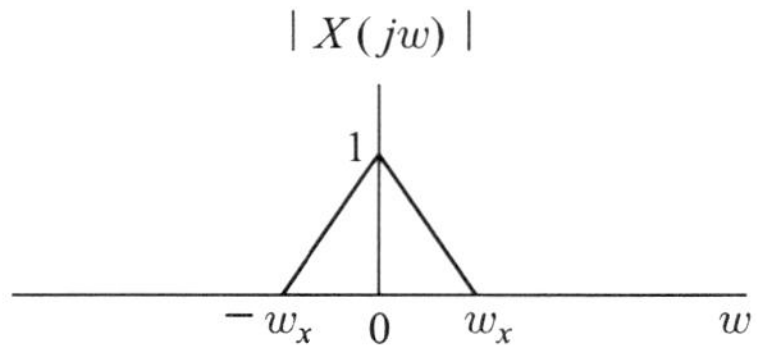


(a)

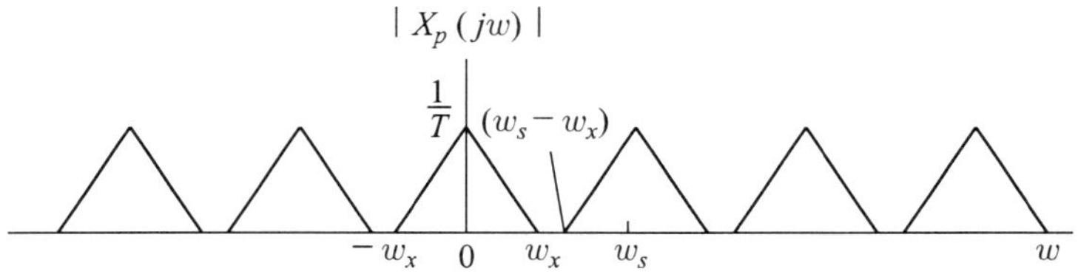


(b)

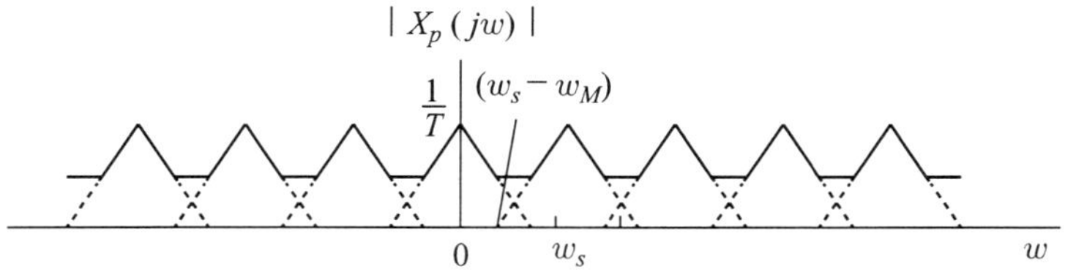


(c)

[그림 2.3] $X(j\omega)$와 $X_p(j\omega)$의 관계

그러므로 표본화 주파수는 나이퀴스트 주파수와 같거나 보다 크게 하여야 함을 알 수 있는 것이며 표본화 주파수에 대하여 특별한 언급이 없다면 나이퀴스트 주파수에 의해 표본화한 것으로 볼 수 있다.

표본화 주파수가 나이퀴스트 주파수보다 낮을 경우에는 그림 (c)에서 보는 바와 같이 $X_p(j\omega)$의 파형에서 $X(j\omega)$파형의 중복현상이 발생하며 이를 엘리어징(aliasing)이라 한다. 엘리어징으로 인하여 신호처리 과정에서 발생되는 오차를 엘리어징오차(aliasing error)라 한다.

표본화 주파수가 나이퀴스트 주파수와 같거나 또는 클 경우에는 [그림 2.4]와 같이 $x_p(t)$를 전달함수 $H(j\omega)$가 다음 특성을 만족하는 저역통과필터를 사용하여 $x(t)$를 얻을 수 있다.

$$H(j\omega) = \begin{cases} T, & |\omega| < \dfrac{\omega_s}{2} \\ 0, & |\omega| \ge \dfrac{\omega_s}{2} \end{cases} \tag{2-18}$$

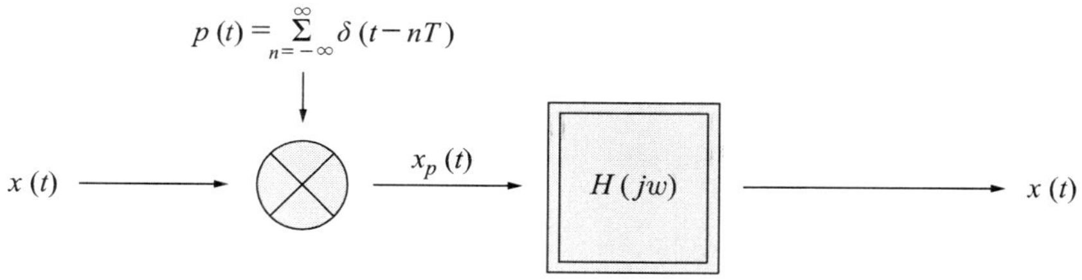


[그림 2.4] $x_p(t)$로부터 $x(t)$를 얻는 시스템

이는 [그림 2.5]로 알 수 있는데 이를 증명하면 다음과 같다.

$$X_p(j\omega)H(j\omega) = \frac{1}{T}X(j\omega)T = X(j\omega),\ |\omega| < \frac{\omega_s}{2} \tag{2-19}$$

식 (2-6)과 식 (2-19)로부터 다음 관계를 얻는다.

$$X(j\omega) = H(j\omega)X_p(j\omega) = H(j\omega)\sum_{n=-\infty}^{\infty} x(nT)e^{-j\omega nT} \tag{2-20}$$

식 (2-20)을 푸리에역변환시키면

$$\begin{aligned} x(t) &= F^{-1}\left[H(j\omega)\sum_{n=-\infty}^{\infty} x(nT)e^{j\omega nT}\right] \\ &= \sum_{n=-\infty}^{\infty} x(nT)F^{-1}\left[H(j\omega)e^{j\omega nT}\right] \end{aligned} \tag{2-21}$$

또한 식 (2-18)을 만족하는 $H(j\omega)$의 푸리에역변환은 다음과 같이 된다.

$$F^{-1} = [H(j\omega)] = \frac{T\sin\frac{\omega_{st}}{2}}{\Pi t} \tag{2-22}$$

따라서 다음 관계를 얻는다.

$$F^{-1}\left[H(j\omega)e^{j\omega nT}\right] = \frac{T\sin\left[\frac{\omega_{s(t-nT)}}{2}\right]}{\Pi(t-nT)} \tag{2-23}$$

그러므로 식 (2-23)을 식 (2-21)에 대입하면 다음과 같이 된다.

$$x(t) = \sum_{n=-\infty}^{\infty} x(nT)\frac{\sin\frac{\omega_s(t-nT)}{2}}{\frac{\omega_s(t-nT)}{2}} \tag{2-24}$$

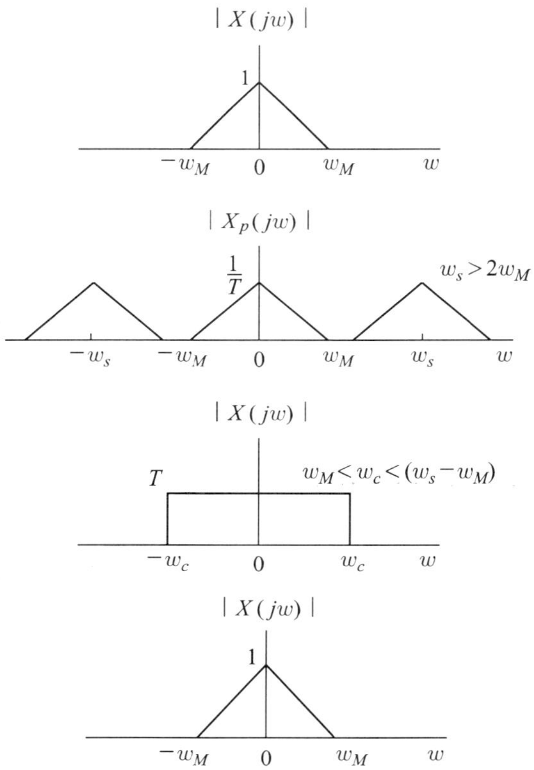


[그림 2.5] [그림 2.4]에 대한 주파수응답도

식 (2-24)는 이산신화 $x(nT)$와 연속신호 $x(t)$의 관계를 나타낸 것으로서 보간 정리(interplation theorem)라 한다.

한편 연속신호 $x(t)$가 $\omega_M$대역제한되어 있으며 $\omega_M < \dfrac{\omega_s}{2}$의 관계가 있을 경우에는 임필수표본화로 얻어진 임펄스신화 $x_p(t)$를 차단주파수$\omega_c$가 $\omega_M < \omega_c < \dfrac{\omega_s}{2}$의 관계를 만족하는 저역통과필터를 통과시킴으로써 원래의 연속신호 $x(t)$를 회복시킬 수 있다. 이와 같은 일련의 과정을 표본화정리(sampling theorem)라 한다. 보간정리는 $x(t)$의 표본식 $x(nT)$로부터 $x(t)$를 재생할 수 있는 것으로 표본화정리도 표본값으로부터 $x(t)$를 재생할 수 있다는 것이다. 그러므로 이 두 정리는 같은 내용이라 할 수 있으며 보간정리를 표본화정리라 하기도 한다.

## 3 연속신호의 이산처리

[그림 2.6]은 아날로그 필터와 등가인 이산필터의 시스템 블록도로써 전달함수가 $H_A(j\omega)$인 아날로그 필터와 동일한 기능을 갖는 디지털 필터이다.

연속신호 $x(t)$는 $\dfrac{\omega_M}{2}$대역제한되어 있고 $\omega_M < \dfrac{\omega_s}{2}$라 할 때 $H_A(j\omega)$와 시스템 내의 디지털 필터 DF의 주파수응답 $H_D(e^{j\omega T})$ 사이에는 다음의 관계가 있다고 가정하자.

$$H_1(j\omega) = \begin{cases} TH_v(e^{j\omega T}), & |\omega| < \dfrac{\omega_s}{2} \\ 0 & , |\omega| < \dfrac{\omega_s}{2} \end{cases} \tag{2-25}$$

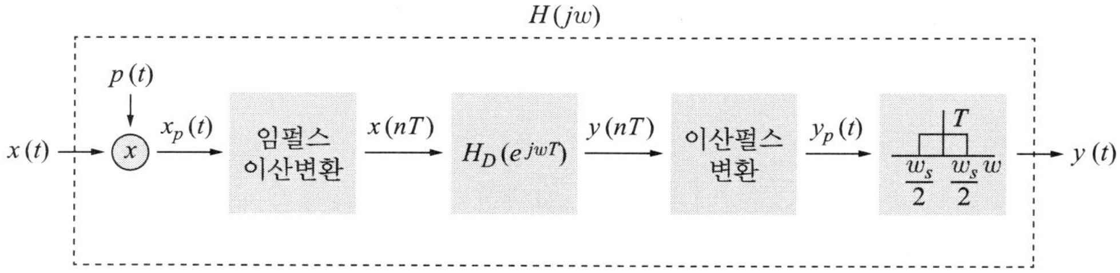


[그림 2.6] 연속신호의 이산처리시스템

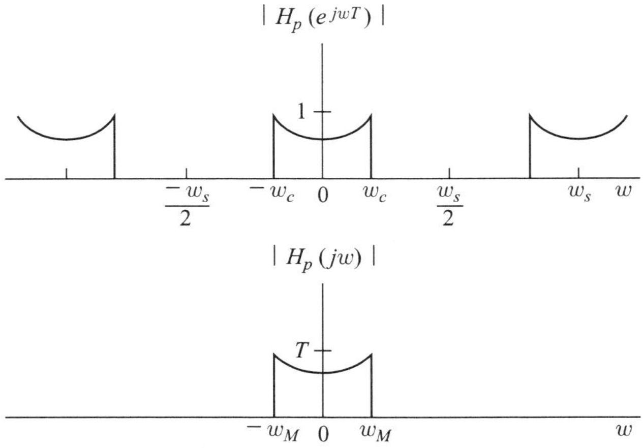


[그림 2.7] AF와 DF의 주파수응답

[그림 2.7]은 이와 같은 DF의 주파수응답과 AF의 전달함수 $H_A(j\omega)$ 사이의 관계를 나타낸 일례이다.

[그림 2.8]은 [그림 2.6]에 대한 이산시스템의 동작을 설명하기 위한 것으로 $\omega$영역에서의 각 양의 관계를 나타낸 것이다.

[그림 2.8] (a)는 입력신호 $x(t)$의 푸리에변환 $H(j\omega)$를 나타낸 것이고 그림 (b)는 $x(t)$를 임펄스표본화하여 얻은 임펄스신호 $x_p(t)$의 푸리에변환 $X_D(j\omega)$와 $x_p(t)$를 A/D변환하여 얻은 이산신호 $x(nT)$의 푸리에변환 $X_D(e^{j\omega T})$를 나타낸다. 그림 (c)는 [그림 2.8] (b)와 [그림 2.7]의 $H_D(e^{j\omega T})$를 겹치도록 한 것이다. [그림 2.8] (c)에서 $X_D(e^{j\omega T})$와 $H_D(e^{j\omega T})$의 곱을 구하면 DF의 출력이산신호 $y(nT)$의 푸리에변환은 식 (2-26)이 된다.

$$Y_p(e^{j\omega T}) = X_p(e^{j\omega T})H_p(e^{j\omega T}) \tag{2-26}$$

또한 이산출력 $y(nT)$를 D/A변환에 의하여 임펄스신호 $y_p(t)$로 바꾸면 $y_p(t)$의 푸리에변환 $Y_P(j\omega)$는 식 (2-16)에 의하여 $Y_D(e^{j\omega T})$와 같게 된다.

즉

$$Y_p(j\omega) = Y_p(e^{j\omega T}) = X_p(e^{j\omega T})H_p(e^{j\omega T}) \tag{2-27}$$

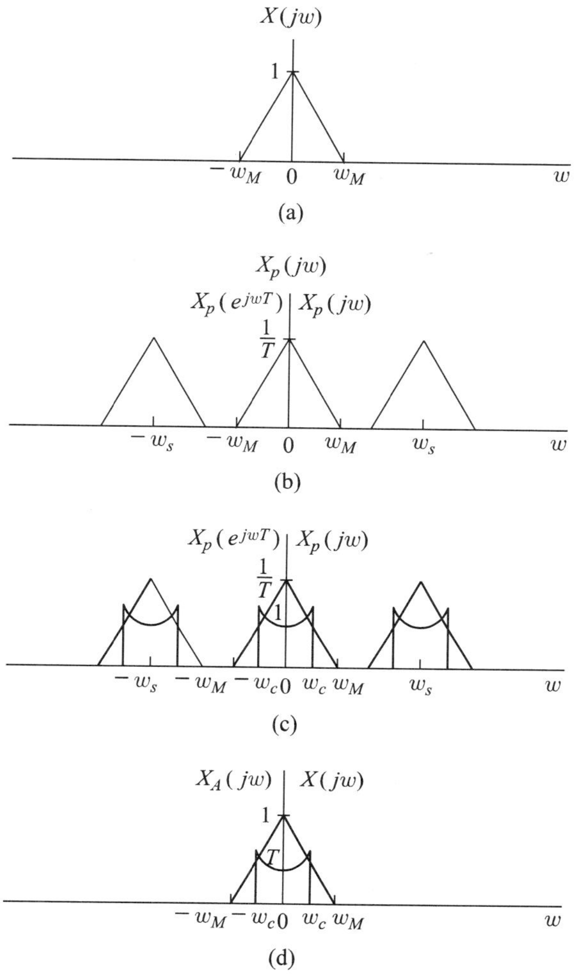


[그림 2.8] 이산처리시스템의 주파수영역에서의 각 양의 관계

한편, 식 (2-16)과 식 (2-25)에 의하여 식 (2-28)의 관계가 성립한다.

$$X_p(e^{j\omega T}) = \frac{1}{T}X(j\omega)$$

$$H_p(e^{j\omega T}) = \frac{1}{T}H_A(j\omega), \quad |\omega| < \frac{\omega_s}{2} \tag{2-28}$$

따라서 식 (2-27)과 식 (2-28)로부터 식 (2-29)와 같은 결과를 얻는다.

$$Y_p(j\omega) = \frac{1}{T^2}X(j\omega)H_A(j\omega) \tag{2-29}$$

[그림 2.6]에서 출력단의 저역통과필터의 전달함수가 식 (2-30)과 같을 경우

$$H_{LP}(j\omega)=\begin{cases}T^2, & |\omega| \le \dfrac{\omega_s}{2} \\ 0, & \text{기타}\end{cases} \tag{2-30}$$

최종 아날로그출력 $y(t)$의 푸리에변환 $Y(j\omega)$는 식 (2-31)과 같다.

$$Y(j\omega)X(j\omega)H_A(j\omega) \tag{2-31}$$

따라서 [그림 2.6]의 이산처리시스템은 전달함수가 $H_A(j\omega)$인 아날로그 필터와 동일한 기능을 수행함을 알 수 있다.

$H_A(j\omega)$의 주파수대역폭이 매우 클 경우에는 표본화주파수 $\omega_s$는 이 범위 안에 있게 되므로 [그림 2.3] (c)의 경우와 같은 파형의 중복현상이 발생된다.

중복화 현상이 발생하는 경우에는 [그림 2.9]에서와 같이 $TH_D(e^{j\omega T})$와 필터전달함수 $H_A(j\omega)$가 일치하는 주파수대역을 $|\omega| < \omega_{M1}$이라 하면 디지털 필터는 식 (2-32)를 만족하는 연속신호 $x(t)$의 여파에만 유효하게 된다.

$$X(j\omega)=0,\ |\omega| > \omega_{M1} \tag{2-32}$$

연속신호 $x(t)$가 식 (2-32)를 만족하지 않을 경우, 미리 $x(t)$를 차단주파수가 $\omega_{M1}$인 저역통과필터를 통하여 그 대역폭을 $\omega_{M1}$로 제한한 다음 표본화과정을 거쳐 DF에 입력시킨다. 따라서 DF의 출력에서 얻어지는 $y_1(nT)$와 AF의 출력 $y(t)$를 표본화하여 얻어지는 이산신호 $y(nT)$ 사이에는 오차가 발생하는데 이것도 엘리어징오차(aliasing error)이다.

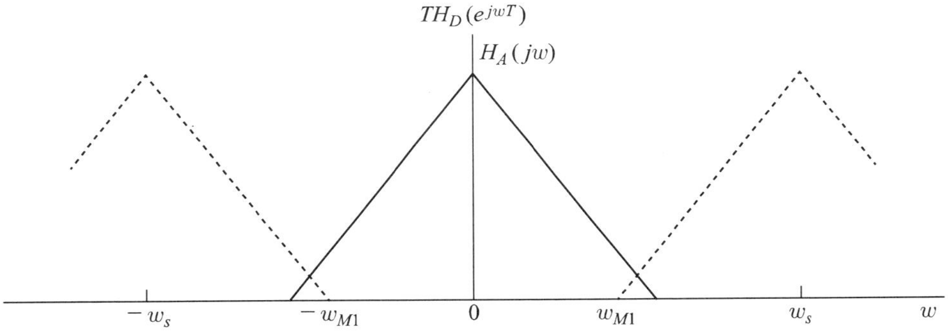


[그림 2.9] 엘리어징오차(aliasing error)

# 4 A/D 및 D/A 변환

신호처리시에는 신호변환과정이 필연적으로 수반되게 된다. 이때 연속신호를 이산신호로 변환하는 과정을 A/D변환(analog-to-digital conversion), 이산신호를 연속신호로 변환하는 과정을 D/A변환(digital-to-analog conversion)이라 한다.

[그림 2.6]에서 연속신호 $x(t)$를 임펄스표본화하여 임펄스신호 $x_p(t)$를 얻고 이것을 이산신호 $x(nT)$로 변환하는 과정이 A/D변환과정이며, $y(nT)$를 임펄스신호 $y_p(t)$로 바꾼 다음 이것을 $F_{LP}$를 통과시켜 연속신호 $y(t)$로 변환하는 과정이 D/A변환 과정이다. 그러나 이와 같은 변환은 이론적인 것이며 실제 대부분은 다음과 같은 표본 - 유지(sample and hold)방식에 의하여 이루어진다.

[그림 2.10]은 실제의 A/D변환기 구성이며 [그림 2.11]은 그 동작원리를 표시한 것이다. 그림에서 보는 바와 같이 표본-유지 장치의 출력 $\overline{x}(t)$는 계단파형이며 다음과 같다.

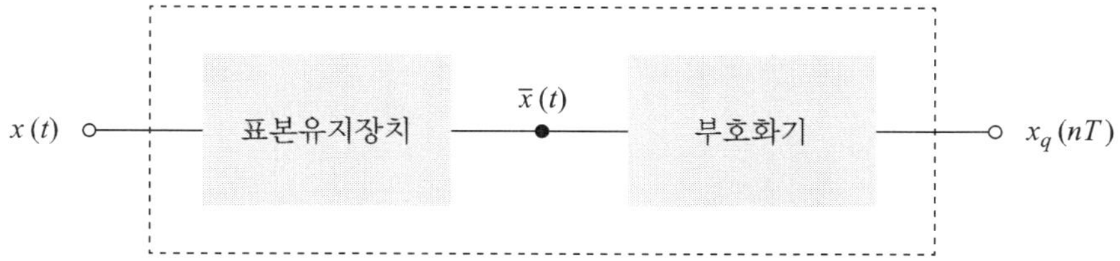


[그림 2.10] 실제의 A/D변환기

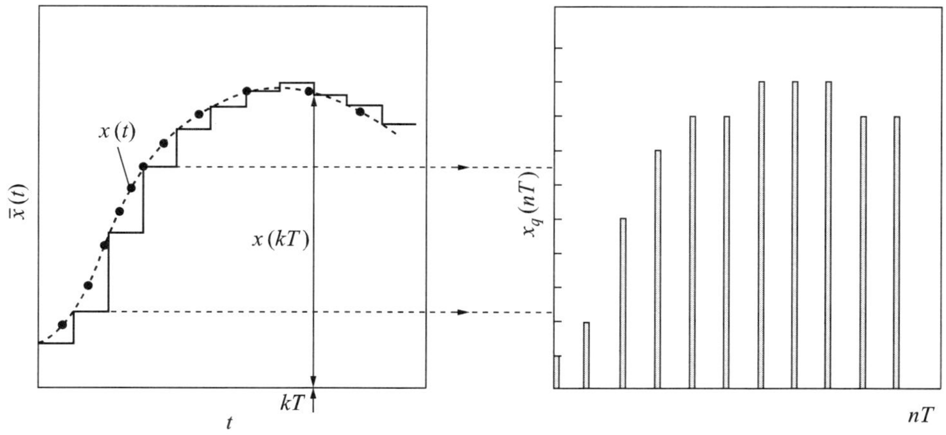


[그림 2.11] A/D 변환기의 응답

$$\overline{x}(t) = \sum_{n=-\infty}^{\infty} x(nT)p_{t/2}(t-nT-\frac{T}{2}) \tag{2-33}$$

단, $p_{T/2}(t)$는 폭이 $-\frac{T}{2} < t < \frac{T}{2}$이며 높이가 1인 방형펄스이다.

부호화기(encoder)는 신호레벨 $x(nT)$를 2진수로 변환하는 장치이며 응답은 양자화신호 $x_q(nT)$로 된다. 이때 2진수의 비트 수는 한정되어 있으므로 양자화신호 $x_q(nT)$는 신호레벨 $x(nT)$와 일치하지 않게 되는데 이는 양자화오차(quantization error)가 수반되기 때문이다.

[그림 2.6]에서 D/A변환기는 이산신호 $y(nT)$를 임펄스신호 $y_p(t)$로 변환하는 것이나 실제 D/A변환기의 구성도는 [그림 2.12]이며 [그림 2.13]은 펄스파형 $\overline{y}(t)$이다. 이때

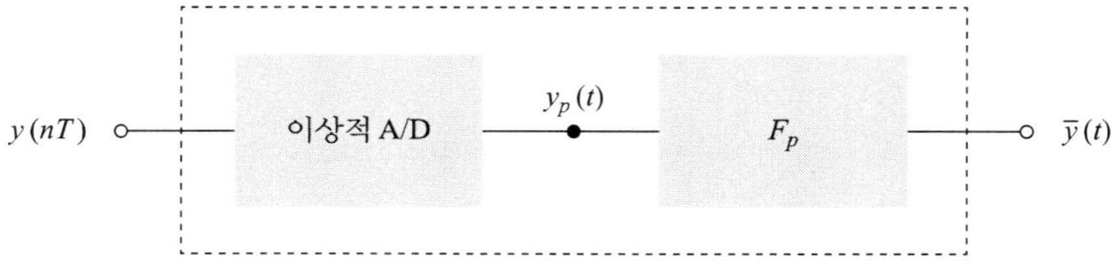


[그림 2.12] 실제 D/A변환기

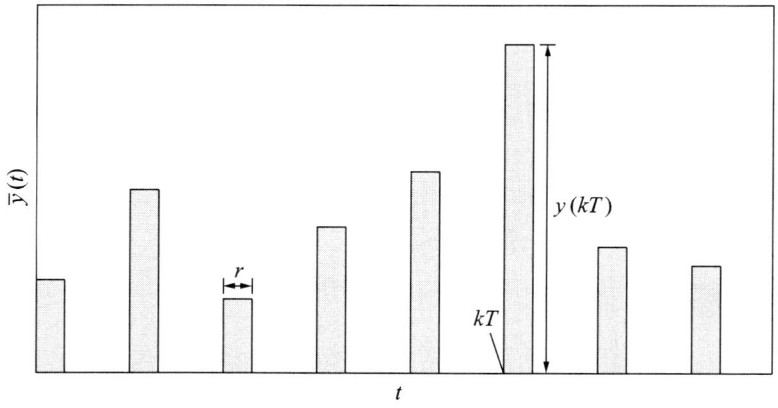


[그림 2.13] 출력파형

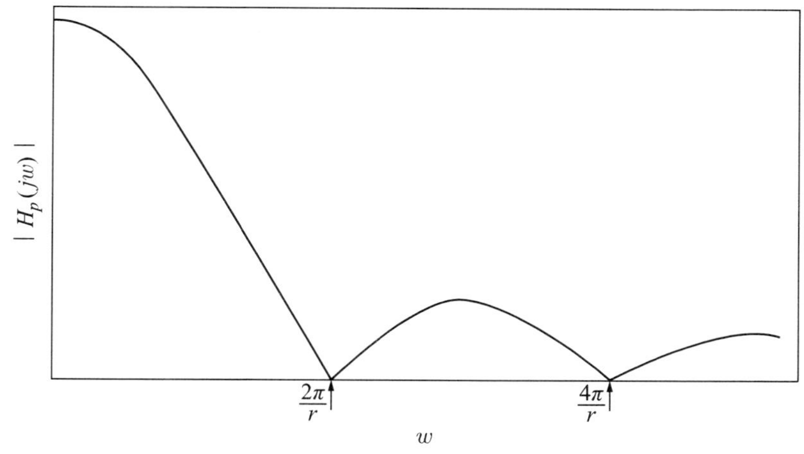


[그림 2.14] 실제 D/A변환기 필터 $F_P$의 진폭응답

$$\overline{y}(t) = \sum_{n=-\infty}^{\infty} y(nT)p_{r/2}(t-nT-\frac{r}{2}) \tag{2-34}$$

$\overline{y}(t)$의 푸리에변환은 식 (2-35)와 같다.

$$\begin{aligned}\overline{Y}(j\omega) &= \sum_{n=-\infty}^{\infty} y(nT)Fp_{r/2}(t-nT-\frac{r}{2}) \\ &= \frac{2\sin\frac{\omega r}{2}e^{j\frac{\omega r}{2}}}{\omega}\sum_{n=-\infty}^{\infty} y(nT)e^{-j\omega nT}\end{aligned} \tag{2-35}$$

한편 식 (2-14)에 의해 임펄스신호 $y_p(t)$의 푸리에변환 $Y_P(j\omega)$는

$$Y_p(j\omega) = \sum_{n=-\infty}^{\infty} y(nT)e^{-j\omega nT} \tag{2-36}$$

따라서 식 (2-35)와 식 (2-36)으로부터 식 (2-37)의 관계를 얻는다.

$$\overline{Y}(j\omega) = \sum_{n=-\infty}^{\infty} y(nT)e^{-j\omega nT} \tag{2-37}$$

단,

$$H_p(j\omega) = \frac{r\sin(\omega T/2)e^{-j\omega r/2}}{\omega r/2} \tag{2-38}$$

그러므로 실제의 A/D변환기는 [그림 2.12]와 같이 이상적 A/D변환기에 전달함수

가 $H_P(j\omega)$인 필터 $F_P$를 접속한 것이라 할 수 있다.
$H_P(j\omega)$의 진폭은 식 (2-39)와 같다.

$$|H_{p(j\omega)}| = r\left|\frac{\sin(\omega r/2)}{\omega r/2}\right| \tag{2-39}$$

[그림 2.14]는 이를 나타낸 것이다.
따라서 실제의 D/A변환기는 이상적 변환기에 비하여 진폭응답 전체에 걸쳐 왜곡을 가져옴을 알 수 있으며 이를 제거하기 위하여 실제의 D/A변환기에 다음 관계를 만족하는 전달함수 $H_{LP}(j\omega)$를 갖는 저역통과필터를 접속한다.

$$|H_p(j\omega)H_{LP}(j\omega)| \approx \begin{cases} 1, & |\omega| \le \dfrac{\omega_s}{2} \\ 0, & \text{기타} \end{cases} \tag{2-40}$$

## 5 영역상호간의 관계

이제까지는 연속신호 $x(t)$를 표본화하여 얻어지는 이산신호 $x(nT)$를 여러 영역(domain)에서 해석하는 방법에 대하여 간략히 설명하였으나 여기서는 이들 영역의 상호관계에 대하여 설명한다.
연속신호 $x(t)$의 해석영역은 시간영역, 복소영역 및 주파수영역의 세 가지로 구분할 수 있으며 이중 시간영역해석은 미분방정식의 해법이 주를 이룬다. 그러나 복소영역해석과 주파수영역해석은 각각 라플라스변환과 푸리에변환에 의해 해석한다.
연속신호나 연속시스템의 해석은 한 영역에서의 해석만으로는 불충분하며 두 영역 또는 세 가지 영역에서의 해석을 병행하여 종합적으로 관찰하여야 완전한 해석이 가능하며 연속시스템의 설계에 매우 중요함을 알아야 한다.
이산신호 $x(nT)$의 해석영역은 시간영역, $z-$영역 및 주파수영역의 3가지로 구분할 수 있으며 시간영역해석에서는 차분방정식의 해석이 주가되고 $z-$영역해석은 $z-$변환에 의존하며 주파수영역해석은 푸리에변환과 이산푸리에변환(DFT)에 의하여 해석이 가능하게 된다.
이산신호의 해석 및 이산시스템의 해석과 설계에서는 연소신호 해석시보다는 세 가지 영역에서의 종합적인 해석이 더 요구된다.

그러므로 신호처리를 효과적으로 수행하기 위해서는 각 영역에서 성립하는 주요한 관계를 이해하여야 할 뿐만 아니라 영역과 영역사이의 변화관계에 충분한 이해를 하여야 한다.

[그림 2.15]는 영역상호간의 변환관계를 나타낸 것으로 연속신호, 이산신호의 기본관계는 물론 이들 신호의 상호변환에 대하여도 잘 숙지할 필요가 있다.

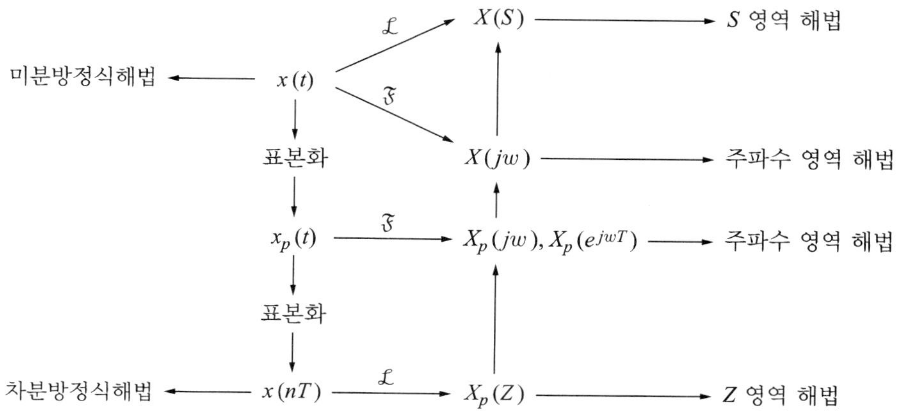


[그림 2.15] 영역사이의 변환

## 2 연습문제

**문제 2-1** 표본화와 표본화정리에 대하여 설명하시오.

**문제 2-2** 다음과 같은 불연속 연속시간 신호 $x(t)$가 있을 때 $x(t)$의 도함수 신호를 그리시오.

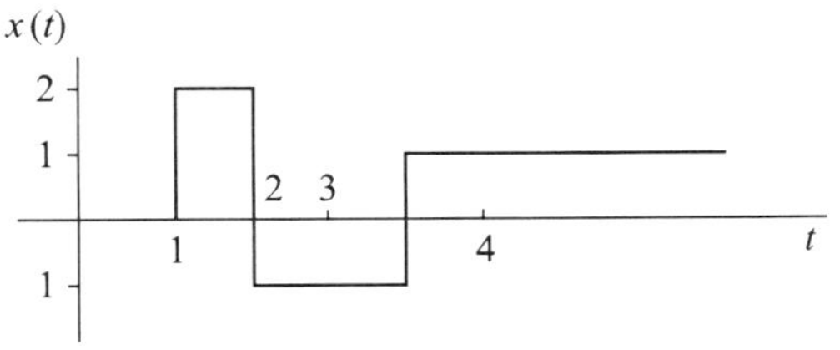


**문제 2-3** 니이퀴스선도에 대하여 설명하시오

**문제 2-4** 엘리어징오차의 원인과 이를 감소시킬 수 있는 방법에 대하여 설명하시오.

**문제 2-5** A/D 및 D/A변환시 부호호기에서 발생되는 양자화오차에 대하여 설명하시오.

**문제 2-6** $h[n]=u[n]$인 LTI 시스템이 있을 때 $x[n]=\alpha$ ^ $\nu[n]$의 LTI 시스템에 대한 출력 $y[n]$은 얼마인가?$(0<\alpha<1)$

**문제 2-7** 연속신호와 이산신호의 영역상호간의 관계를 설명하시오.

# Chapter 3
# 시스템

어떠한 신호를 처리하여 정보를 얻기 위해서는 이에 필요한 형태로 변환(transformation)하여야 한다. 이때 필요한 장치 또는 수단을 시스템(system)이라 한다. 그러므로 시스템에는 입력과 출력이 있으며 시스템의 입력단에 신호를 가하면 어떠한 처리과정을 거쳐 변환된 신호가 출력에 나타나게 된다.
시스템에서 처리되는 신호의 종류에 따라 연속시스템(continuous time system) 또는 아날로그시스템(Analog system), 이산시스템(discrete time system), 디지털시스템(digital system)으로 분류한다.
연속시스템(continuous time system)은 아날로그(analogue)와 같은 연속신호를 처리하는 시스템으로서 입력신호와 출력신호가 모두 연속이다. 이산시스템은 이산신호를 처리하는 시스템으로서 입력신호와 출력신호가 모두 이산신호이다.
[그림 3.1]의 (a) 및 (b)는 각각 연속시스템 및 이산시스템을 나타낸 블럭도이다. 연속시스템에서 입력신호가 $x(t)$일 때 이에 대응하는 출력신호 즉 응답이 $y(t)$일 경우 다음과 같이 나타내기로 한다.

$$y(t) = \Re x(t) \tag{3-1}$$

마찬가지로 이산시스템에서 입력수열 $x(nT)$에 대응하는 출력수열 즉 응답이 $y(nT)$일 경우 다음과 같이 나타낸다.

$$y(nT) = \Re x(nT) \tag{3-2}$$

디지털시스템은 디지털신호를 처리하는 시스템으로서 디지털 컴퓨터를 가동시키기 위한 알고리즘이 되며 이 알고리즘은 이산시스템의 이론을 기본으로 하여 짜여 지게 된다.

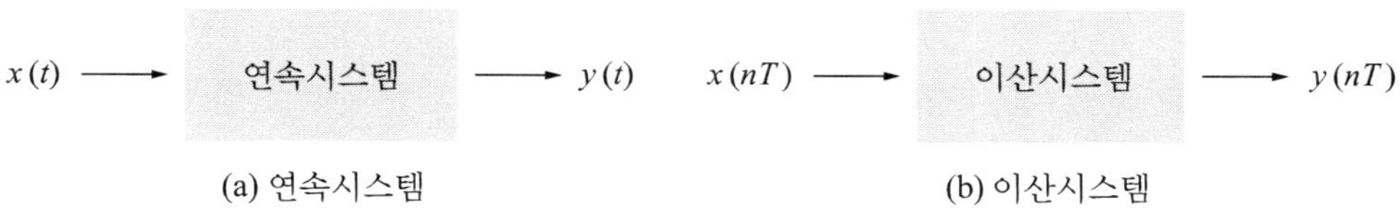


[그림 3.1] 연속시스템 블럭도와 이산시스템 블럭도

시스템에서는 선형성, 시불변성, 인과성, 안정성을 살펴보아야 한다. 이때 안정도는 시스템에 필수적이므로 시스템 구성시에는 항상 안정도를 검토하는 것을 잊지 않아야 한다.

# 1 연속시스템의 특징

## 1.1 연속시스템의 선형성

입력신호가 $x_1(t)$ 및 $x_2(t)$일 경우 출력신호를 각각 $y_1(t)$ 및 $y_2(t)$라 하면 식 (3-3), 식 (3-4)와 같이 된다.

$$y_1(t) = \Re\, x_1(t) \tag{3-3}$$

$$y_2(t) = \Re\, x_2(t) \tag{3-4}$$

이 경우 식 (3-5)가 성립하면 이 시스템을 선형시스템(liner system)이라 한다.

$$\begin{aligned} y(t) &= \Re\,[ax_1(t) + bx_2(t)] = a\Re\, x_1(t) + b\Re\, x_2(t) \\ &= ay_1(t) + by_2(t) \end{aligned} \tag{3-5}$$

단, $a$와 $b$는 상수이다.

식 (3-5)의 내용은 중첩의 정리(superposition law)와 같으므로 중첩의 정리가 성립하는 시스템은 선형시스템이라 할 수 있다. 식 (3-5)는 상수 $a$와 $b$ 중 하나가 0일 경우에도 성립하므로 선형 시스템에서는 입력이 0일 때 출력이 0으로 된다. 식 (3-5)가 성립하지 않으면 보통 비선형시스템(nonliner system)이라 하고 시스템의 선형성을 판단하기 위해서는 시스템이 식 (3-5)를 만족하는지의 여부를 알아보아야 한다.

**예제 3-1** 다음의 시스템이 선형시스템인지를 증명하시오.

(1) $y(t) = x(t) + x(t-1)$

(2) $y(t) = \alpha t x(t-\beta)$

**solution**

(1)

$y_1(t) = \Re\,[x_1(t)] = x_1(t) + x_1(t-1),\ y_2(t) = \Re\,[x_2(t)] = x_2(t) + x_2(t-1)$

$y(t) = \Re\,[ax_1(t) + bx_2(t)] = ax_1(t) + bx_2(t) + ax_1(t-1) + bx_2(t-1)$

$\quad = ay_1(t) + by_2(t)$

(2) $y_1(t) = \Re\,[x_1(t)] = \alpha t x_1(t-\beta),\ y_2(t) = \Re\,[x_2(t)] = \alpha t x_2(t-\beta)$

$y(t) = \Re\,[ax_1(t) + bx_2(t)] = at[\alpha x_1(t-\beta) + bx_2(t-\beta)] = ay_1(t) + by_2(t)$

**예제 3-2** 다음의 시스템이 비선형시스템인지를 증명하시오.

(1) $y(t) = x^2(t)$

(2) $y(t) = \sin x(t)$

**solution**

(1) $y_1(t) = \Re[x_1(t)] = x_1^2(t),\ y_2(t) = \Re[x_2(t)] = x_2^2(t)$

$$y(t) = \Re[ax_1(t) + bx_2(t)] = [ax_1(t) + bx_2(t)]^2$$

$$= a^2x_1^2(t) + 2ab\,x_1(t)x_2(t) + b^2x_2^2(t) \neq ay_1(t) + by_2(t)$$

(2) $y_1(t) = \Re[x_1(t)] = \sin x_1(t),\ y_2(t) = \Re[x_2(t)] = \sin x_2(t)$

## 1.2 연속시스템의 시불변성

입력신호가 $x(t)$일 때의 출력신호를 $y(t)$라 한다. 즉

$$y(t) = \Re x(t) \tag{3-6}$$

만약 이 시스템에 입력신호 $x(t-t_0)$를 가할 때 출력신호가 $y(t-t_0)$로 되면, 이 시스템을 시불변 시스템(time invariant system)이라 한다.
단, $t_0$는 상수이다.
$x(t-t_0)$는 $x(t)$를 $t_0$만큼 편이(shift)시킨 신호이며, $y(t)$를 $t_0$만큼 편이시키면 신호 $y(t-t_0)$를 얻는다. 따라서 시불변 시스템에서는 입력신호가 $t_0$만큼 편이하면 출력신호도 $t_0$만큼 편이 되어 나타난다. 이를 수식으로 나타내면 식 (3-7)과 같다.

$$y(t-t_0) = \Re x(t-t_0) \tag{3-7}$$

시불변 시스템이 아닌 시스템, 즉 식 (3-7)이 만족되지 않는 시스템을 일반적으로 시변시스템(time-varying system)이라 한다. 그러므로 시스템의 시불변성(time-invariance)을 판정하기 위해서는 시스템이 식 (3-7)을 만족하는지의 여부에 따라 결정된다고 할 수 있다.

**예제 3-3** 다음 시스템은 모두 시불변 시스템임을 증명하시오.

(1) $y(t) = x(t) + x(t-1)$

(2) $y(t) = \sin x(t)$

solution

(1) $\Re[x(t-t_0)] = x(t-t_0) + x(t-t_0-1) = y(t-t_0)$

(2) $\Re[x(t-t_0)] = \sin x(t-t_0) = y(t-t_0)$

**예제 3-4** 다음 시스템은 모두 시변시스템임을 증명하시오.

(1) $y(t) = tx(t)$

(2) $y(t) = |x(t)| + t^2 x(t-1)$

solution

(1) $\Re x(t-t_0) = tx(t-t_0) \neq y(t-t_0)$

(2) $\Re x(t-t_0) = |x(t-t_0)| + t^2 x(t-t_0-1) \neq y(t-t_0)$

## 1.3 연속시스템의 인과성

시스템에서 현재의 출력이 현재 및 과거의 입력에 따라 결정되는 경우 이 시스템을 인과 시스템(causal system)이라 한다. 시간에는 현재와 과거 및 미래가 있으므로 인과 시스템에서는 현재의 출력은 미래의 입력에 무관계하다는 의미가 된다. 이와 같은 것은 당연한 것으로 생각할 수 있지만 미래의 입력이 현재의 출력에 영향을 미치는 경우도 있을 수 있다고 생각할 수 있다.

예를 들어 음성을 녹음테이프로 처리할 경우, 뒤에 녹음된 부분(미래의 입력)이 먼저 녹음된 부분(현재의 입력)의 재생에 영향을 미치는 시스템의 구성이 가능하며 화상을 촬영된 사진으로 처리할 경우에도 동일한 현상으로 된다. 그러나 이 경우 변수 $t$는 시간이 아닌 위치의 좌표가 되므로 미래의 입력이 현재의 출력에 미치는 영향을 쉽게 생각해 볼 수 있다.

이와 같이 현재의 출력이 현재나 과거의 입력뿐 아니라 미래의 입력의 영향도 받는 시스템을 비인과 시스템(noncausal system)이라 한다.

현재의 시간을 $t$라 하면, 과거의 시간은 $t-a$로 되고, 미래의 시간은 $t+b$로 된다. 단 $a$와 $b$는 모두 양수이다. 그러므로 보기와 같이 시스템의 입력 $x(t)$와 출력 $y(t)$ 사이의 관계를 나타내는 방정식이 주어졌을 때에는 시스템의 인과성(causality)을 쉽게 판단할 수 있다.

- 인과 시스템의 보기

  $y(t) = 3x(t)$

  $y(t) = x(t) + x(t-1)$

  $y(t) = 3 + 5x(t) + 7x(t-3)$

- 비인과 시스템의 보기

  $y(t) = x(t) + x(t+1)$

  $y(t) = x(t-1) + x(t+2)$

  $y(t) = 5 + 3x(t+3)$

### 1.4 연속시스템의 안정성

시스템에서는 한정된 입력신호에 대하여 언제나 한정된 출력신호가 나타나게 될 때 이 시스템을 안정시스템(stable system)이라 한다. 여기서 한정된 신호(bounded signal)라 함은 절대값이 한정된 신호라는 뜻이다.

한정된 입력신호에 대하여 무한출력신호가 나타나는 시스템을 불안정시스템(astable system)이라 하며, 무한신호(unbounded signal)는 절대값이 무한히 큰 신호를 말한다.

가령 안정된 증폭기의 이득은 언제나 한정되어 있으므로 한정된 입력에 대하여 언제나 한정된 출력이 나타난다. 그러나 불안정한 증폭기에서는 이들이 무한대로 되는 경우가 발생한다. 그러므로 입력이 0일 경우에도 유한한 출력이 나타난다. 이와 같은 현상은 발진기에서 볼 수 있으며 불안정한 증폭기는 발진을 하여 증폭기로서의 기능을 상실한다. 따라서 증폭기의 안정도(stability)의 판정은 발진이 일어나는지의 유무를 알아보면 된다.

## 2 이산시스템의 특징

신호를 처리하여 정보를 생성하는데 편리한 변환장치 또는 수단을 시스템이라 한다. 시스템에는 입력 및 출력 신호가 존재하며, 출력 신호는 시스템의 처리과정을 거쳐 변환된 신호로 정의된다. 이산시스템은 이산신호를 처리하는 시스템으로서 입력신호와 출력신호가 모두 이산신호이다.

[그림 3.2]에서는 입력과 출력이 $x(nT)$ 및 $y(nT)$로 주어지는 한 이산시스템의 예를 보여준다. [그림 3.2]에서의 출력식은 식 (3-8)과 같다.

$$y(nT) = T[x(nT)] \tag{3-8}$$

이산시스템에서는 선형성, 시불변성, 인과성 그리고 안정성을 고려하여야 한다.

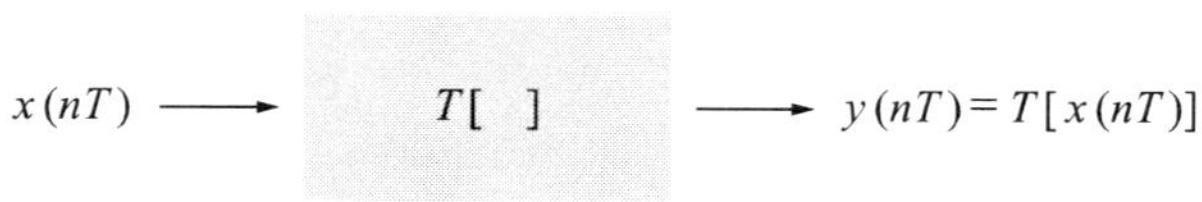


[그림 3.2] 이산시스템

## 2.1 이산시스템의 선형성

이산시스템에서 입력 $x_1(nT)$에 대한 출력을 $y_1(nT)$, 입력 $x_2(nT)$에 대한 출력을 $y_2(nT)$라 하면 식 (3-9)와 같은 관계가 성립한다.

$$\begin{aligned} y_1(nT) &= T[x_1(nT)] \\ y_2(nT) &= T[x_2(nT)] \end{aligned} \tag{3-9}$$

이때 2개의 실수 $a$, $b$를 임의로 선택하고 입력신호 $ax_1(nT)+bx_2(nT)$를 이 시스템에 인가할 때 출력이 $ay_1(nT)+by_2(nT)$로 될 경우 이 시스템은 선형성을 만족한다고 한다.
따라서 다음의 식 (3-10)으로 정의되는 시스템을 선형시스템이라 하며, 선형시스템이 아닌 시스템은 비선형시스템이다.

$$\begin{aligned} T[ax_1(nT)+bx_2(nT)] &= aT[x_1(nT)]+bT[x_2(nT)] \\ &= ay_1(nT)+by_2(nT) \end{aligned} \tag{3-10}$$

**예제 3-5** 다음의 시스템이 선형성을 만족하는지를 증명하시오.

$y(nT) = T[x(nT)] = (nT)^2 x(nT-2T)$

**solution**

식 (3-10)을 적용하면

$$\begin{aligned} T[ax_1(nT)+bx_2(nT)] &= (nT)^2[ax_1(nT-2T)+bx_2(nT-2T)] \\ &= a(nT)^2 x_1(nT-2T)+b(nT)^2 x_2(nT-2T) \\ &= aT[x_1(nT)]+bT[x_2(nT)] \end{aligned}$$

따라서 식 (3-10)을 만족하므로 위 시스템은 선형시스템이다.

## 2.2 이산시스템의 시불변성

입력신호 $x(nT)$에 대한 출력신호를 $y(nT)$라 한다. 이 시스템에서 입력신호를 $x(nT-kT)$로 할 때 출력이 $y(nT-kT)$로 되는 시스템을 시불변 시스템(time invariant system)이라고 한다.

여기서 $k$는 상수이며, 식 (3-11)과 같은 관계식이 성립한다.

$$y(nT-kT) = T[x(nT-kT)] \tag{3-11}$$

[그림 3.3]은 시불변 시스템의 나타낸 것이며, 그림에서와 같이 시불변 시스템에서는 입력신호가 이동(shift)되면 출력신호도 같은 크기만큼 이동될 뿐, 그 크기나 상대적 관계는 변화하지 않는 특성을 갖는다. 시불변 시스템이 아닌 시스템을 시변시스템(time variant system)이라 한다.

여기서 선형이고 시불변 시스템을 선형 시불변 시스템(linear time invariant system)이라 한다. 일반적으로 전기 및 전자 회로에서 선형 및 비선형 시스템도 볼 수 있지만 필터와 같은 회로는 대부분이 선형 시불변 시스템이다.

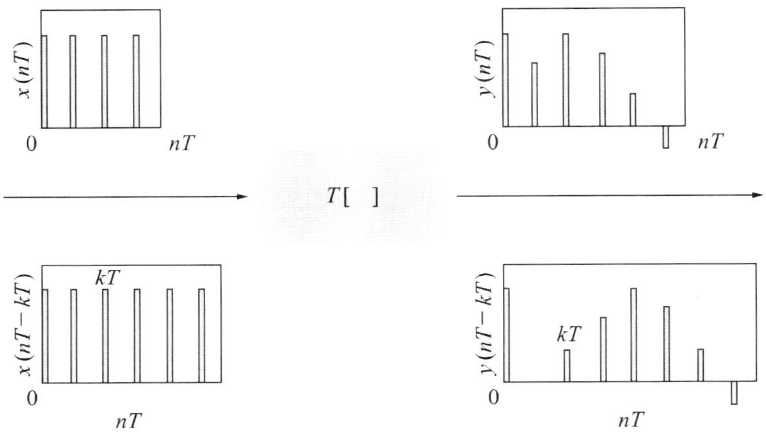


[그림 3.3] 시불변성

**예제 3-6** 다음의 시스템이 시불변 시스템에 만족하는지를 증명하시오.

$y(nT) = T[x(nT)] = 5x(nT-T)$

**solution**

식 (3-11)을 적용하면

$T[x(nT-kT)] = 5x(nT-kT-T) = y(nT-kT)$

따라서 위의 식은 시불변 시스템이다.

**예제 3-7** 다음의 시스템이 시불변 시스템인지를 증명하시오.

$y(nT) = T[x(nT)] = 5nTx(nT)$

**solution**

이 시스템은 입력신호에 $5nT$를 곱하는 시스템으로

$T[x(nT-kT)] = 5nTx(nT-kT) \neq y(nT-kT) = 5(nT-kT)x(nT-kT)$

따라서 위의 시스템은 시불변 시스템의 조건을 만족하지 않으므로 시변 시스템이다.

## 2.3 이산시스템의 인과성

이산시스템에서 현재의 출력이 과거의 입력에 따라 결정될 때, 이 시스템을 인과 시스템(causal system)이라 한다. 인과 시스템에서는 현재의 출력은 미래의 입력과 무관하다. 미래의 입력이 현재의 출력에 영향을 주는 시스템을 비인과 시스템(noncausal system)이라 한다.

**예제 3-8** 다음의 시스템이 인과 시스템임을 밝히시오.

$$y(nT) = 3x(nT - T) + 6x(nT - 2T)$$

solution

위 시스템에서 현재의 출력신호는 미래 입력 신호와 무관하므로 인과 시스템이다.

**예제 3-9** 다음의 시스템이 비인과 시스템임을 밝히시오.

$$y(nT) = 3x(nT - T) + 6x(nT + 2T)$$

solution

위의 시스템의 미래 입력신호 $6x(nT+2T)$ 때문에 비인과 시스템이다.

## 2.4 이산시스템의 안정성

이산시스템의 입력 신호가 한정된 입력(bounded input)일 때, 이에 대응하는 출력 신호도 한정된 출력이 되면 이 시스템을 안정 시스템(stable system)이라 한다. 다시 말하면 안정 시스템에서는 입력과 출력을 각각 $x(nT)$ 및 $y(nT)$라 할 때 $|x(nT)| < \infty$이면 모든 $n$에 대하여 항상 $|y(nT)| < \infty$로 된다.
이러한 조건을 만족하는 시스템을 안정시스템, 그렇지 않은 경우를 비안정 시스템이라 한다.

## 2.5 역 시스템

출력신호 $y(nT)$로부터 입력신호 $x(nT)$를 유일하게 결정할 수 있는 시스템을 역 시스템이라 한다. 즉, 출력신호 $j(nT)$를 역 시스템에 입력할 때 출력으로 $x(nT)$가 나오는 시스템을 의미한다.

# 3 임펄스 응답

선형 시불변 시스템에서 임펄스수열 $\delta(nT)$를 입력 신호로 할 경우, 이때의 출력 신호 $h(nT)$를 시스템의 임펄스 응답(impulse response)이라 한다. [그림 3.4]와 같은 임의의 이산신호 $x(nT)$는 식 (3-12)와 같이 정의된다.

$$\begin{aligned} x(nT) &= \cdots + x(-2T)\delta(nT+2T) + x(-T)\delta(nT+T) + \\ &\quad x(0)\delta(nT) + x(T)\delta(nT-T) + x(2T)\delta(nT-2T) + \cdots \\ &= \sum_{k=-\infty}^{\infty} x(kT)\delta(nT-kT) \end{aligned} \tag{3-12}$$

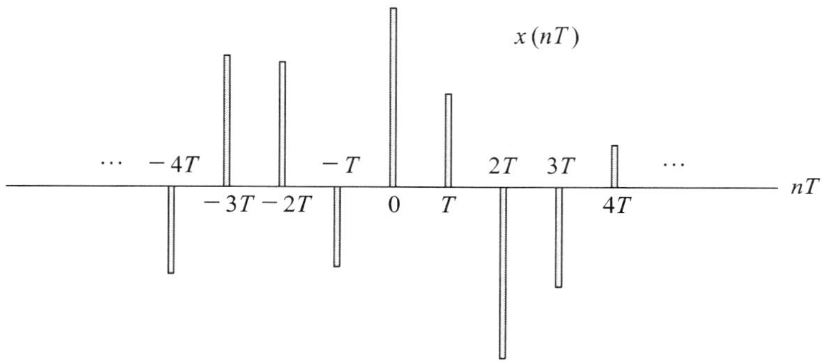


[그림 3.4] 이산신호의 임펄스 표시

식 (3-12)에서 시불변의 성질을 적용하면 식 (3-13)과 같이 주어진다.

$$T[\delta(nT-kT)] = h(nT-kT) \tag{3-13}$$

이와 같은 임펄스응답을 이용하여 임의의 신호에 대한 시스템의 출력을 표시하면 식 (3-8)로부터 식 (3-14)를 구할 수 있다.

$$y(nT) = T[x(nT)] \tag{3-14}$$

여기서 임의의 입력 $x(nT)$에 대한 출력 $y(nT)$는 식 (3-15)와 같이 정의되며 여기에서 선형성을 고려하면 식 (3-16)과 같이 표현할 수 있다.

$$y(nT) = T[x(nT)] = T\left[\sum_{k=-\infty}^{\infty} x(kT)\delta(nT-kT)\right] \tag{3-15}$$

$$y(nT) = \sum_{k=-\infty}^{\infty} x(kT)T[\delta(nT-kT)]$$
$$= \sum_{k=-\infty}^{\infty} x(kT)h(nT-kT) \quad (3\text{-}16)$$

입력 $x(nT)$와 임펄스응답 $h(nT)$로부터 $y(nT)$를 구하는 식 (3-16)을 컨볼루션(convolution)이라고 하며, 식 (3-17)과 같이 표시한다.

$$y(nT) = x(nT) * h(nT) \quad (3\text{-}17)$$

식 (3-16)을 변수치환하면 식 (3-18)을 구할 수 있다.

$$y(nT) = \sum_{k=-\infty}^{\infty} h(kT)x(nT-kT) = h(nT) * x(nT) \quad (3\text{-}18)$$

이와 같이 시불변 시스템은 임펄스응답 $h(nT)$에 의해서 표현되므로 선형 시불변 시스템의 출력은 시스템의 입력과 임펄스응답의 컨볼루션으로 구할 수 있다. 선형 시불변 시스템에서는 임펄스응답을 알게 되면 그 시스템이 인과성을 만족하는가 또는 안정되어 있는가 등의 시스템 특성을 알 수 있다. 따라서 선형 시불변 시스템에서는 임펄스 응답이 식 (3-19)와 같을 때 식 (3-18)은 식 (3-20)과 같이 된다.

$$h(nT) = 0, \quad n < 0 \quad (3\text{-}19)$$

$$y(nT) = \sum_{k=0}^{\infty} h(kT)x(nT-kT) = h(nT) * x(nT) \quad (3\text{-}20)$$

다른 한편 선형 시불변 시스템이 안정되기 위한 필요 충분조건은 식 (3-21)과 같다.

$$S = \sum_{n=-\infty}^{\infty} |h(nT)| < \infty \quad (3\text{-}21)$$

**예제 3-10** 한 시스템의 출력 $y(nT)$는 다음과 같이 표현된다.

$y(nT) = 0.5x(nT) + 2x(nT-T) - 0.5x(nT+2T)$

또한 임펄스응답은 다음과 같다.

$h(nT) = a^n u(nT)$

이와 같은 선형 시불변 시스템의 인과성과 안정성을 판단하시오.

**solution**

임펄스 응답을 구하기 위해 $x(nT) = \delta(nT)$로 두면, $h(-2T) \neq 0$이므로 비인과성이다. 임펄스 응답이 유한하므로 안정하다. 또한 $n < 0$에서 임펄스 응답이 0이므로, 이 시스템은 인과성을 만족한다.

# 4 컨볼루션

컨볼루션은 시스템의 신호 해석에서 중요한 성질로 [그림 3.5]에서 보여 지는 것처럼 입력신호 $x(nT)$와 임펄스응답 $h(nT)$로부터 출력신호 $y(nT)$를 구하는 연산에 사용한다.

[그림 3.5] 시스템에서의 입력과 출력

식 (3-18)로부터 식 (3-22)와 같은 컨볼루션 관계식을 구할 수 있다.

$$y(nT) = \sum_{k=-\infty}^{\infty} h(kT)x(nT-kT) \tag{3-22}$$

식 (3-22)를 이용하여 출력 $y(nT)$를 구하기 위해서는 모든 $n$의 값을 대입하여 연산한다. 입력신호와 임펄스 응답의 형태에 따라 수식적 전개만으로 출력을 구하는 경우도 있다.

**예제 3-11** 입력신호 $x(nT)$와 임펄스 응답 $h(nT)$가 다음과 같을 때 출력 $y(nT)$를 구하시오.

$x(nT) = h(nT) = 1, (n=0,\ 1,\ 2)$ 또는

$x(nT) = h(nT) = 0,$ 기타

**solution** 컨볼루션 정의에 의하여 $y(nT)$는

$y(nT) = \sum_{k=-\infty}^{\infty} h(kT)x(nT-kT)$이고 $n=0,\ 1,\ 2$이므로 식은

$y(nT) = \sum_{k=0}^{2} h(kT)x(nT-kT)$이다. $n$의 값을 하나하나 대입하면 다음과 같다.

① $n=0$일 때

$y(0) = h(0)x(0) + h(T)x(-T) + h(2T)x(-2T) = 1$

② $n=1$일 때

$y(T) = h(0)x(T) + h(T)x(0) + h(2T)x(-T) = 2$

③ $n=2$일 때

$y(2T)=h(0)x(2T)+h(T)x(T)+h(2T)x(0)=3$

④ $n=3$일 때

$y(3T)=h(0)x(3T)+h(T)x(2T)+h(2T)x(T)=2$

⑤ $n=4$일 때

$y(4T)=h(0)x(4T)+h(T)x(3T)+h(2T)x(2T)=1$

위에서 계산한 출력 신호 $y(nT)$를 그림으로 표현하면 [그림 3.6]과 같다.

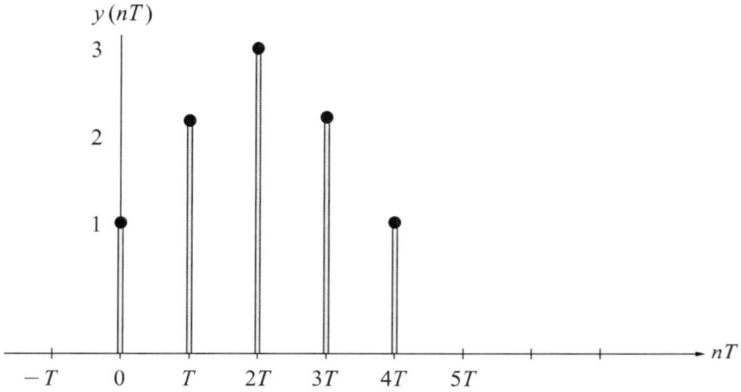


[그림 3.6] 출력 신호의 값

# 5 시스템의 상호 연결

새로운 시스템을 구현하기 위해 2개 이상의 시스템을 상호 연결하여 사용하는 경우가 있으며, 종속연결과 병렬연결로 구분된다.

## 5.1 종속연결

[그림 3.7]과 같이 연결되어 있는 형태를 종속연결이라 한다.

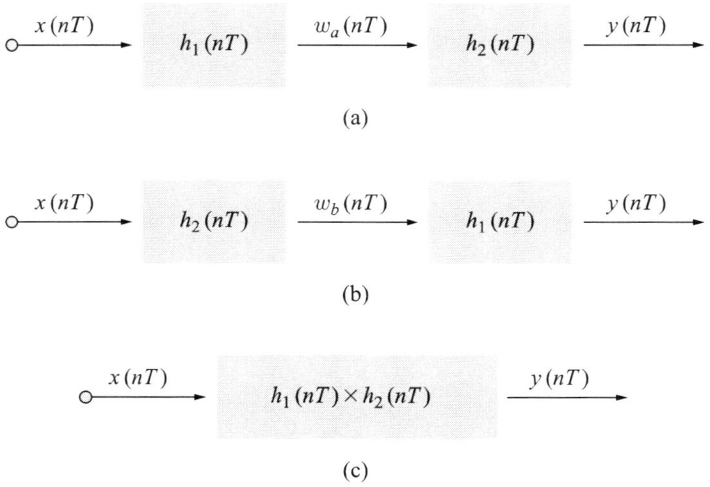


[그림 3.7] 종속연결

종속연결되는 임펄스 응답을 각각 $h_1(nT)$, $h_2(nT)$라 하고 입력 $x(nT)$에 따른 출력 $y(nT)$를 구하면 다음과 같다.
[그림 3.7] (a)의 경우 입출력 관계를 컨볼루션을 이용하여 구하면 식 (3-23)과 같다.

$$\begin{aligned} y(nT) &= \sum_{k=-\infty}^{\infty} h_2(kT) w_a(nT-kT) \\ &= \sum_{k=-\infty}^{\infty} h_2(kT) \sum_{l=-\infty}^{\infty} h_1(lT) x(nT-kT-lT) \end{aligned} \tag{3-23}$$

[그림 3.7] (b)의 경우 순서만 바뀐 경우이므로 다음의 식 (3-24)와 같다.

$$\begin{aligned} y(nT) &= \sum_{k=-\infty}^{\infty} h_1(lT) w_b(nT-lT) \\ &= \sum_{l=-\infty}^{\infty} h_1(lT) \sum_{k=-\infty}^{\infty} h_2(kT) x(nT-lT-kT) \\ &= \sum_{k=-\infty}^{\infty} h_2(kT) \sum_{l=-\infty}^{\infty} h_1(lT) x(nT-kT-lT) \end{aligned} \tag{3-24}$$

[그림 3.7]에서 (c)의 경우는 다음의 구하면 식 (3-25)와 같다.

$$\begin{aligned} y(nT) &= \sum_{p=-\infty}^{\infty} h(pT) x(nT-pT) \\ &= \sum_{p=-\infty}^{\infty} \left\{ \sum_{l=-\infty}^{\infty} h_1(lT) h_2(pT-lT) \right\} x(nT-pT) \end{aligned} \tag{3-25}$$

식 (3-25)에서 $pT-lT=kT$로 하면 식 (3-26)과 같이 표현된다.

$$y(nT)=\sum_{k=-\infty}^{\infty}\sum_{l=-\infty}^{\infty}h_1(lT)h_2(kT)x(nT-lT-kT) \tag{3-26}$$

여기서 식 (3-23), (3-24), (3-26)은 동일하다. 따라서 2개의 선형 시불변 시스템을 종속연결하면 시스템의 입출력 특성은 연결 순서와는 무관하며, 교환 및 결합 법칙이 성립한다. 이러한 종속연결은 임의의 필터를 구성할 때 주로 이용된다.

**예제 3-12** 2개의 선형 시불변 시스템이 종속 연결되었다. 임펄스 응답이 다음과 같을 때 전체 시스템의 임펄스 응답을 구하시오.

$h_1(nT)=h_2(nT)=\delta(nT)+\delta(nT-4T)$

**solution** 종속 연결된 임펄스 응답은 다음과 같다.

$$h(nT)=h_1(nT)*h_2(nT)=[\delta(nT)+\delta(nT-4T)]*[\delta(nT)+\delta(nT-4T)]$$

$$=\delta(nT)+2\delta(nT-4T)+\delta(nT-8T)]$$

이고

$x(nT)=\delta(nT)$

이므로

$y(nT)=h(nT)$

이다. 이를 그림으로 표현하면 [그림 3.8]과 같다.

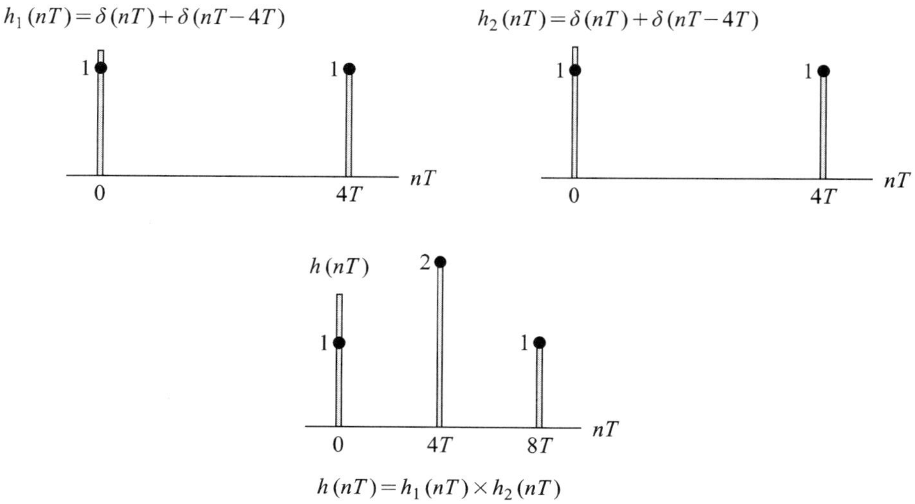


[그림 3.8] 종속연결된 시스템 응답

## 5.2 병렬연결

[그림 3.9] (a)는 선형 시불변 시스템이 병렬로 연결된 것으로 입출력 관계는 [그림 3.9] (b)의 시스템과 동일하며, 식 (3-27)과 같이 정의된다.

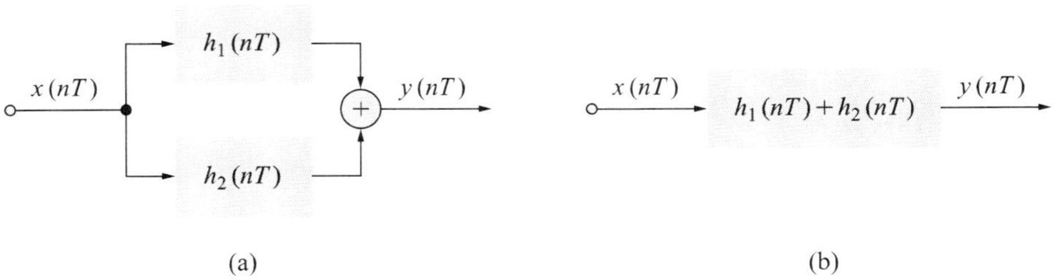


[그림 3.9] 병렬연결

$$\begin{aligned} y(nT) &= \sum_{k=-\infty}^{\infty} h(kT)x(nT-kT) \\ &= \sum_{k=-\infty}^{\infty} \{h_1(kT)+h_2(kT)\}x(nT-kT) \\ &= \sum_{k=-\infty}^{\infty} h_1(kT)x(nT-kT)+\sum_{k=-\infty}^{\infty} h_2(kT)x(nT-kT) \end{aligned} \tag{3-27}$$

**예제 3-13** 2개의 선형 시불변 시스템이 병렬로 연결되어 있다. 각각의 임펄스 응답이 다음과 같을 때 전체 시스템의 임펄스 응답을 구하시오.

$h_1(nT)=h_2(nT)=\delta(nT)+\delta(nT-4T)$

**solution** 전체 시스템의 임펄스 응답 $h(nT)$는 병렬 연결되어 있으므로 식 (3-27)에 의해 다음과 같이 구해진다.

$h(nT)=2\delta(nT)+2\delta(nT-4T)$

## 6 주파수 특성

현재까지의 신호처리는 시간영역(time domain)에서 선형 시불변 시스템의 입출력 관계를 논의하였으나 여기에서는 디지털 필터의 기초 이론이 되는 주파수영역(frequence domain)을 검토한다.

선형 시스템에서는 정현파 신호를 입력으로 하면 출력신호의 주파수는 변하지 않고 진폭과 위상이 시스템의 특성에 따라 변한다.

임펄스 응답이 $h(nT)$인 선형 시불변 시스템에 식 (3-28)과 같은 신호를 인가하면 출력 $y(nT)$는 식 (3-29)와 같이 된다.

$$x(nT) = e^{jwnT}, \ -\infty \leq n \leq \infty \tag{3-28}$$

$$y(nT) = \sum_{k=0}^{\infty} h(kT) e^{jw(nT-kT)} = e^{jwnT} \sum_{k=0}^{\infty} h(kT) e^{-jwkT} \tag{3-29}$$

여기서 $H(e^{jwt})$를 식 (3-30)과 같이 정의하면 식 (3-29)는 식 (3-31)과 같이 표현된다.

$$H(e^{jwT}) = \sum_{k=0}^{\infty} h(kT) e^{-jwkT} \tag{3-30}$$

$$y(nT) = e^{jwnT} H(e^{jwT}) \tag{3-31}$$

여기에서 $H(e^{jwT})$를 시스템의 주파수 특성 또는 주파수 응답(frequence response)이라고 하며, 일반적으로 복소수 형태로 표현한다.

## 7 진폭특성

진폭 $1[V]$의 정현파 신호를 입력했을 때 출력 값으로 $0.5[V]$의 정현파 신호가 나온다면 이 시스템의 진폭은 $0.5$이다. 또한 같은 입력에 출력이 $1[V]$가 나온다면 시스템의 진폭은 1이 된다. 그리고 입력신호의 진폭이 $1[V]$이고 출력이 $0[V]$이면 시스템의 진폭은 0이 된다. 이렇게 임의의 신호가 입력될 때 그 값에 상관없이 출력이 0이 되는 현상을 저지역(stop band)이라 한다. 다음의 [그림 3.10]에서 진폭 특성의 관계를 나타내었다.

$$진폭 = \frac{출력}{입력} = 1 \qquad 진폭 = \frac{출력}{입력} = 0$$

[그림 3.10] **진폭 특성**

이와 같이 입력신호에 따라 출력 값의 정도를 나타내는 비율이 진폭이며, 정현파 신호의 주파수에 대한 변화 상태를 그래프로 나타낸 것을 진폭특성이라 한다.

## 8 위상특성

입력신호를 시스템에 입력하면 그 즉시 출력신호가 나오지는 않는다. [그림 3.11]에 표현한 것처럼 일정 시간이 지연된 후에 출력된다. 이러한 시간 지연에 관계되는 것이 위상이다. 이러한 위상이 포함된 정현파의 변화를 그래프로 도시한 것을 위상특성이라 한다.
예를 들면 $20[Hz]$의 주파수를 갖는 정현파가 $0.05[\mathrm{sec}]$의 지연시간을 갖는다면 위상은 다음과 같다.

$$-2\pi \times 20 \times 0.05 = -2\pi[rad]$$

여기에서 음(−)의 부호는 시간의 지연을 의미한다. 즉 입력신호의 주파수를 $f[Hz]$, 시간지연을 $t_0[\mathrm{sec}]$라 할 때 위상을 식 (3-32)와 같이 표현한다.

$$-2\pi \times f \times t_0 \ [rad] \tag{3-32}$$

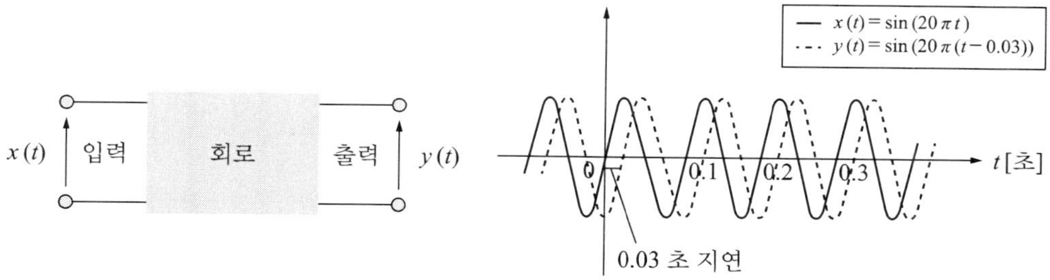


[그림 3.11] 위상특성

**예제 3-14** 임펄스 응답이 다음과 같을 때 주파수 특성을 구하라.

$h(nT) = 1,\ 0 \leq n \leq N-1$

$h(nT) = 0$, 기타

**solution**

주파수 특성은 식 (3-30)으로부터 다음과 같이 구해진다.

$$H(e^{jwT}) = \sum_{n=0}^{N-1} e^{-jwnT} = \frac{1-e^{-jwNT}}{1-e^{-jwT}} = \frac{e^{-j\frac{wNT}{2}}\left(e^{j\frac{wNT}{2}} - e^{-j\frac{wNT}{2}}\right)}{e^{-j\frac{wT}{2}}\left(e^{j\frac{wT}{2}} - e^{-j\frac{wT}{2}}\right)}$$

$$= \frac{\sin\left(\frac{wNT}{2}\right)}{\sin\left(\frac{wT}{2}\right)} e^{-j\frac{w(N-1)T}{2}}$$

따라서 진폭특성 $M(wT)$은 다음과 같다.

$$M(wT) = \frac{\sin\left(\frac{wNT}{2}\right)}{\sin\left(\frac{wT}{2}\right)}$$

여기에서 위상특성 $N(wT)$은 다음과 같이 구해진다.

$$N(wT) = -\frac{w(N-1)T}{2}$$

## 9 지연특성

위상특성으로부터 위상 지연(phase delay)특성 $L_p(w)$와 그룹지연(group delay)특성 $L_g(w)$을 각각 식 (3-33), 식 (3-34)로 정의할 수 있다.

$$L_p(w) = \frac{-N(w)}{w} \tag{3-33}$$

$$L_g(w) = \frac{dN(w)}{dw} \tag{3-34}$$

위의 식 (3-33)과 식 (3-34)에서처럼 위상지연특성 및 그룹지연특성은 위상을 각 주파수로 나눈 것이며, 단위는 시간[sec] 이다. 위상특성이 위상의 지연을 의미하고 위상지연특성과 그룹지연특성은 각주파수에 대한 시스템의 지연시간을 나타낸다. 여기서 위상지연특성은 시스템에서 단일 주파수의 정현파 입력에 대한 지연시간을 나타내고 그룹지연특성은 정현파의 집합에 대한 지연시간을 의미한다.

## 10 주파수 이득

주파수 특성에서 입력 신호와 출력신호의 비율을 나타내기 위해 이득(gain)을 사용한다. 이득은 식 (3-35)와 같이 3가지로 구분된다.

$$\begin{aligned} \text{전압이득} &= 20\log_{10}\frac{\text{출력전압}}{\text{입력전압}} \\ \text{전류이득} &= 20\log_{10}\frac{\text{출력전류}}{\text{입력전류}} \\ \text{전력이득} &= 20\log_{10}\frac{\text{출력전력}}{\text{입력전력}} \end{aligned} \tag{3-35}$$

이득의 단위는 데시벨(decibel : dB)이고 입출력 전압 이득의 관계를 [표 3.1]에 나타내었다.

▼ 표 3.1 입출력 전압비와 이득의 관계

| 전압비(출력전압/압력전압) | 전압이득(dB) | 전압비(출력전압/압력전압) | 전압이득(dB) |
|---|---|---|---|
| 1,000 | 60 | 1 | 0 |
| 316 | 50 | 0.707 | -3 |
| 100 | 40 | 0.316 | -10 |
| 31.6 | 30 | 0.1 | -20 |
| 10 | 20 | 0.0316 | -30 |
| 3.16 | 10 | | |

# 3 연습문제

**문제 3-1** 다음 블록도는 어떤 시스템을 나타낸 것인가?

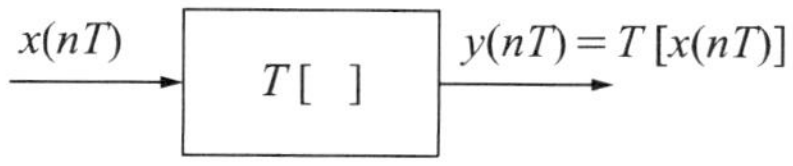


**문제 3-2** 다음 시스템에 대해 인과적이지 않고, 시변적이며, 안정적, 선형적인 측면에서 이유를 말해보시오.

$y(nT) = x(-nT)$

**문제 3-3** 다음 시스템이 선형적 시스템이 되기 위한 이유를 쓰시오.

(1) $y(t) = t^2 x(t-1)$

(2) $y(t) = x(2t)$

**문제 3-4** 다음 시스템이 비선형적 시스템이 되기 위한 이유를 쓰시오.

(1) $y(t) = \sin x(t)$

(2) $y(t) = [x(t)]^2$

**문제 3-5** $y(t) = \cos x(t) + t\sin x(t)$ 시스템이 시변시스템임을 증명하시오.

**문제 3-6** 입출력 전압비의 관계를 말하고 주파수 이득에서 전압비가 1000일 경우의 전압이득은 얼마인가?

**문제 3-7** 임펄스응답에 대하여 설명하시오.

**문제 3-8** 다음과 같은 입출력 관계를 가진 시스템이 시변인지 시불변인지 말하시오.

$y(t) = \sin(x(t))$

Chapter 4

# Data통신

# 1 데이터통신

전송매체란 통신상대방 사이에서 실제적인 정보를 전송하는 물리적인 통로를 의미한다. 유선과 무선으로 구분된다.

유선 전송매체의 경우는 최초의 나선에서 선로손실을 고려한 평형 페어 케이블과 두 개의 절연된 도선이 서로 꼬여진 상태로 이루어진 트위스트 페어, 두 개의 도선 가운데에 절연물질이 채워진 형태를 이루는 동축케이블, 그리고 전기적 신호를 광원에 의해 광신호로 변화시킨 다음 이를 유리 도체 내로 반사시키는 광섬유 및 광케이블로 구분된다. 이들 각 전송매체에 대한 일반적인 전송특성은 아래의 [표 4.1]과 같다.

▼ 표 4.1 전송매체에 대한 일반적인 전송특성

| 전송매체 | 총 데이터속도 | 대역폭 | 중계기없이 전송가능한 거리 |
|---|---|---|---|
| 트위스트 페어 | 4Mbps | 250KHz | 2~10Km |
| 동축케이블 | 500Mbps | 350MHz | 1~10Km |
| 광섬유 | 2Gbps | 2GHz | 10~100Km |

무선통신이란 자유공간을 전송로로 하여 전자파를 전파하는 통신으로 1894년 마르코니(G.Marconi, 이탈리아)가 무선 전신기를 발명한 것으로 시작되었다. 무선통신은 다음과 같은 특징을 갖는다.

① 산악, 바다 등의 지형에 관계없이 사용가능하며 재해에 강하다.
② 동시에 다수의 상대방에게 정보를 전할 수 있다.
③ 자유공간은 광대역 통신에 적합하다.
④ 전파는 상호간섭이 있으며, 사용 주파수 대역은 전파법으로 규제된다.
⑤ 지형이나 기상조건에 따라 복잡한 특성을 나타낸다.

## 1.1 전파

전파는 3000GHz 이하의 주파수의 전자기파(전자파)로서 전자파는 주파수가 높아짐에 따라 성질이 크게 변화하므로 유사한 성질을 갖는 주파수 범위를 묶어 주파수대로 정하여 각각 명칭을 붙이고 있다. 전파의 주파수대는 장파, 중파, 중단파, 단파, 초단파, 극초단파, 마이크로파, 밀리파, 준밀리파 등으로 구분한다. 지상 약 100Km에 있는 전리층과 약 200Km에 있는 전리층이 반사경의 역할을 하기 때문에 둥근 지구상에서 지구 반대편까지 무선통신이 가능하게 된다. HF, MF, LF, VLF 등은 전리층에서 반사가 되므로 원거리 통신에 사용되며 VHF, UHF, SHF 등은 전리층을 뚫고 지나갈 수 있으므로 위성통신 등에 사용된다.

▼ 표 4.2 전파의 종류

<table>
<tr><th>명 칭</th><th>기 호</th><th>주파수 범위</th><th>용 도</th></tr>
<tr><td rowspan="2">장 파</td><td>VLF</td><td>3～30KHz</td><td rowspan="3">선박 무선통신<br>중파방송<br>기상통보</td></tr>
<tr><td>LF</td><td>30～300KHz</td></tr>
<tr><td>중 파</td><td>MF</td><td>300～3,000KHz</td></tr>
<tr><td>단 파</td><td>HF</td><td>3～30MHz</td><td>단파방송, 국제통신, 선박전신</td></tr>
<tr><td>초단파</td><td>VHF</td><td>30～300MHz</td><td>비상용 무선, 항공관제, 내항선박, FM 방송</td></tr>
<tr><td rowspan="4">극초단파</td><td>UHF</td><td>300～3,000MHz</td><td>TV 방송, 이동무선</td></tr>
<tr><td>SHF</td><td>3～30GHz</td><td>마이크로파 회선, 전력회사</td></tr>
<tr><td rowspan="2">EHF</td><td>30～300GHz</td><td rowspan="2">빌딩간 통신, 구내 무선</td></tr>
<tr><td>300～3,000GHz</td></tr>
</table>

## 1.2 마이크로파

특히, 2～20GHz까지의 대역폭을 마이크로파로 지칭한다. 마이크로파 통신 방식에는 지금까지의 아날로그 다중 반송 통신과 아날로그 무선방식, PCM 디지털 다중 전송에 적합한 디지털 무선방식이 있다.

# 2 데이터 처리기술

## 2.1 정보의 관점

사람의 목소리를 비롯한 음성정보는 소리의 고저와 음폭에 의해 서로 다른 소리를 구별된다. 이 경우 소리의 고저가 진폭에 해당하며 음폭은 주파수에 해당한다. 이러한 음성정보에서 음향은 동일한 스펙트럼을 갖는 전자적 주파수로, 진폭은 전압으로 표현된다. 그러므로 연속적인 진폭값을 갖는 아날로그신호로서 전송매체를 통해 상대방에게 전달된다. 따라서 음성정보는 아날로그신호로 표현된다. 아날로그 신호로 표현되는 또 다른 정보가 TV 화면과 같은 영상정보이다. 음성정보와 마찬가지로 사람이 영상을 구별할 수 있는 것은 빛의 파장이 서로 다른 색을 구별할 수 있기 때문인데 이것은 음성이 서로 다른 주파수로 다른 소리를 나타낸 것과 동일한 개념으로 해석될 수 있다.

한편, 데이터정보와 음성정보 및 이미지정보는 일반적으로 0과 1로서 구성된 디지털신호로서 표현된다. 우리가 전달하고자 하는 각 문자나 숫자와 같은 데이터정보는 단말에 의해 2진 정보로서 생성된 다음, 컴퓨터나 데이터관련 장비에 의해 두 가지 레벨의 전압 중 하나에 각각 0이나 1이 할당되어, 일정 시간동안 그 레벨의 전압을 출력함으로써 2진 정보는 전송로를 통해 전달하게 된다. 여기서 2진 정보란 0이나 1만으로 모든 정보를 표현하는 것으로, 2진수의 세계를 말한다. 즉, 2진수의 세계에서 숫자 2를 표현하기 위해서는 최하위 자리만으로 이를 표현할 수 없기 때문에 자리올림을 해서 2자리의 2진수인 '10'로서 숫자 2를 표현하여야 한다.

## 2.2 신호의 관점

아날로그 신호는 시간에 따라 그 크기와 패턴이 연속적으로 변화하는 전자기파로 불린다. 즉, 아날로그 신호는 진폭과 파장 및 위상이라는 특정 요소를 갖는다. 이때, 진폭은 신호의 크기이며, 파장은 신호가 반복되는 주기를 말한다. 파장은 특히 이와 반비례 관계를 갖는 주파수로도 표현된다. 대표적인 신호로는 음성신호를 들 수 있다. 디지털 신호는 시간에 따라 급격히 변화하는 이산적 신호를 의미한다. 예를 들면, 일정한 수준 이상의 전압을 이진값 '1'로 일정한 수준 이하의 전압을 '0'으로 정한 약속에 따라 정보를 해석한다. 즉, 오직 2개의 값만을 취하는 이진신호를 디지털 신호라고 표현한다. 일반적으로 아날로그 신호에서는 신호의 크기나 주파수와 같은 양적인 의미가 중요한데 반하여, 디지털 신호에서는 펄스의 형태가 어떻게 변하는가에 대한 질적인 정보가 중요하다.

### 2.3 전송의 관점

정보원에서 만들어진 정보는 통신형태에 적합한 신호로 변환되고 다시 전송매체의 특성에 맞는 형태의 전송신호로 재변환된다. 그런데 정보와 전송신호는 각각 아날로그와 디지털로 구분되고 이들을 조합한 4가지 형태의 통신방식이 널리 사용된다. 위의 내용을 정리하면 [표 4.3]과 같다.

▼ 표 4.3 정보에 따른 신호와 기기

| 정 보 | 신 호 | 기 기 |
|---|---|---|
| 아날로그 | 아날로그 | 전 화 |
| 아날로그 | 디지털 | 코 덱 |
| 디지털 | 아날로그 | 모 뎀 |
| 디지털 | 디지털 | 인코더 |

## 3 부호와 부호체계

'부호(code)'라는 것은 각 데이터정보 하나하나에 할당되는 2진 표현을 말하며, '부호체계'란 모든 문자집합에 대한 부호집합을 의미한다. 세계적으로 가장 널리 쓰이고 있는 부호체계는 ITU-T(CCITT)와 ISO에서 표준안으로서 권고하고 있는 International Alphabet No.5이며, 이는 각 문자들을 7비트 부호, 즉 7자리의 2진수로서 데이터를 표현하는 부호체계이나, 이것을 약간 변형한 부호체계가 현재 가장 많이 사용하고 있는 ASCII(American Standard Code for Information Interchange) 부호이다.

## 3.1 비트와 심볼

전송 데이터는 원천적으로 디지털 정보이다. 이런 정보의 최소단위를 비트(bit : binary digit)라고 하며 '0'과 '1'로 표현된다. 전송 효율을 높이면서도 신뢰성을 높이려면 구성이 경제적이고 에러의 검출과 정정이 용이하도록 구성되어야 한다. 이러한 일련의 기술을 부호기술이라고 한다.
심볼(symbol)은 2비트 이상으로 구성될 때의 하나의 신호 구간을 말하며 다음 [표 4.4]와 같은 2비트 표현에 대한 심볼의 개념은 [그림 4.1]과 같다.

▼ 표 4.4 2비트 표현

| 레벨 | 0 | 1 | 2 | 3 |
|---|---|---|---|---|
| 대응비트 | 00 | 01 | 10 | 11 |

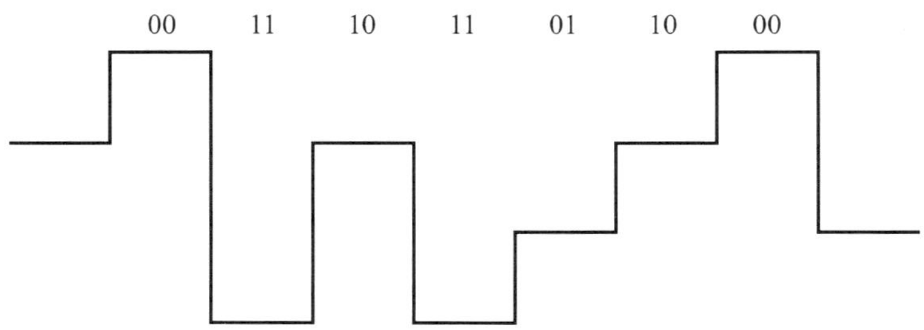


[그림 4.1] 2비트 표현에 대한 심볼의 개념

## 3.2 부호체계

### 3.2.1 보도트 코드(Baudot Code)

1984년 전신을 위한 코드로 머레이(Murray) 코드라고도 한다. 이것은 오직 전신만을 위한 코드로 5비트로 구성된다. 그러므로 $2^5$ 즉, 32개의 조합이 가능하나 여기에 쉬프트 기능(왼쪽/오른쪽)이 부가되어 64개의 문자조합이 가능해진다.

### 3.2.2 아스키 코드(ASCII Code)

8비트 코드로서 7개의 정보비트와 1개의 패리티 검사비트로 구성된다. 그러므로 $2^{27}$ 즉, 128개의 조합이 가능해져 128개의 문자 전송이 가능해진다.

### 3.2.3 확장 이진화 십진코드(EBCDIC)

8비트 정보코드로서 IBM 계열사 컴퓨터 코드로 이용되고 있으며 데이터 전송을 위한 내부 기계어 코드로 사용한다.

### 3.2.4 한글 표준코드

16비트의 부호로서 한글문자의 표현에 초성자음, 모음, 및 받침자음을 모아서 표현한 조합형과 15비트 즉, $2^{15}$개의 한글 완성형으로 표현하는 방식이 있다. 일반적으로 조합형이 주로 사용되며 그 구성형식은 [표 4.5]와 같다.

▼ 표 4.5 한글 표준코드

| 16 | 15 | 14 | 13 | 12 | 11 | 10 | 9 | 8 | 7 | 6 | 5 | 4 | 3 | 2 | 1 |
|---|---|---|---|---|---|---|---|---|---|---|---|---|---|---|---|
| 1 | 초 성 자 음 | | | | | 모 음 | | | | | 받 침 자 음 | | | | |

## 4 부호화 및 변조

아날로그 및 디지털 데이터 중 어느 쪽도 디지털 신호를 변환될 수 있다. 이러한 변환을 데이터의 "부호화(encoding)"라고 한다.
변조는 부호화된 신호를 전송에 적합한 반송신호에 싣는 과정이다. 즉, 신호의 전송을 위해 반송파라고 하는 비교적 높은 주파수에 비교적 낮은 주파수를 포함시키는 과정이다. 여기서 반송파(carrier wave)란 변조에 사용되고 있는 고주파로 보통 음성의 신호파를 운반하는 역할을 한다.

### 4.1 아날로그 정보의 부호화

아날로그 정보는 아날로그 신호뿐만 아니라 디지털 신호로도 부호화가 가능하다. 그러나 아날로그 정보를 디지털 신호로 변환하는 과정은 아날로그 정보를 아날로그 신호로 변환한 후, 다시 디지털 신호로 변환하는 두 단계의 연속적인 부호화를 거치는 것이다. 이때, 아날로그 정보를 디지털 신호로 변환하는 디지털화 장치(Digitizer)를 코덱(coder/decoder)이라고 하며 역으로, 코덱은 디지털 신호를 아날로그 정보로 변환하는 장치이기도 하다.

## 4.2 디지털 정보의 부호화

디지털 정보는 두 개의 전압값을 이용하면 간단히 디지털 신호로 바꿀 수 있다. 즉, 디지털 정보를 부호화하기 위해 단순히 "0"과 "1" 정보를 그대로 서로 다른 전압값에 대응시키는 방법이 있지만, 전송의 효율과 동기화의 문제로 인해 보다 복잡한 형태의 부호화 과정을 거치는 것이 일반적인 현상이다.

## 4.3 아날로그 변조

### 4.3.1 진폭변조(Amplitude Modulation ; AM)

AM은 통신 및 방송 등에서 신호전송 또는 데이터전송에 있어 반송파의 진폭변조를 말한다. 즉, 진폭변조란 송신하고자 하는 변조(정보)신호를 가지고 반송파의 진폭을 변화시켜 전송하는 것이다. 데이터전송에 있어서는 정보를 포함하고 있는 다른 파형의 동작에 의해 연속적인 고주파(반송파)가 변화하는 변조방법으로서 통상 전달된 데이터에 따라 반송파를 ON, OFF하는 동작을 말한다.

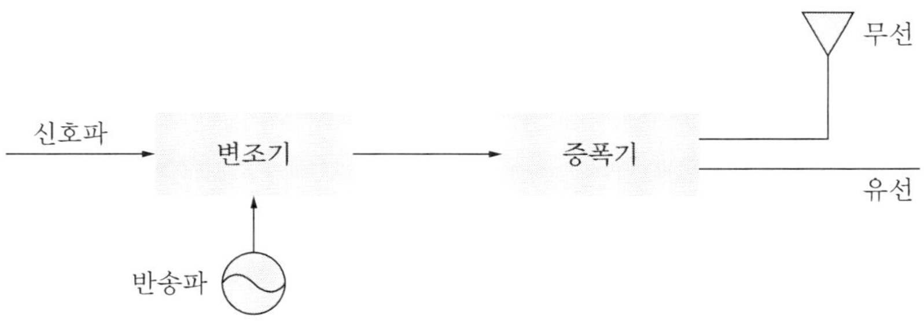


[그림 4.2] 진폭변조(Amplitude Modulation ; AM)

### 4.3.2 주파수변조(Frequency Modulation ; FM)

FM은 통신이나 방송 등에서 신호전송 또는 데이터전송에 있어 반송파의 주파수

변조를 말한다. FM은 정보를 서로 다른 주파수를 사용하는 신호로 변조하는 방법으로 통신에 있어서 정현파, 반송파의 순시주파수가 변조파의 순시치에 비례하는 양만 반송파 주파수로부터 변하도록 하는 각도변조이다. FM은 디지털변조방식으로 야외중계나 원거리 마이크로웨이브전송, 위성통신 등의 무선전송분야에 쓰이는 텔레비전 전송의 가장 일반적인 변조방식이다. 야외중계나 원거리 마이크로웨이브 전송, 위성통신 등의 무선전송분야로서 TV 전송의 가장 일반적인 변조방식이다.

▼ 표 4.6 진폭변조와 주파수변조

| | AM | FM |
|---|---|---|
| 변조 방식 | 진폭 변조 | 주파수 변조 |
| | 진폭이 반송파에 그대로 반영 | 진폭은 주파의 고저로 변형 |
| 사용 주파수 | 530KHz～1,600KHz | 88MHz～108MHz |
| 음질 | 그리 좋지 않다. | 매우 좋다.(하이파이 방송) |
| 장점 | 회로 간단, 경제적 | 전력효율이 안 좋음, 잡음에 약함 |
| 단점 | 진폭에 영향을 받지 않음 페이딩에 덜 민감 | 대역폭이 넓어짐 |

### 4.3.3 위상변조(Phase Modulation : PM)

위상변조는 입력신호와 반송파를 위상에 의해서 변조하는 방식이다. 즉, 반송파의 진폭을 일정하게 유지한 채 반송파의 위상을 신호파의 진폭에 따라 변화시키는 변조 방식으로 2400bps 이상의 고속도에서 사용한다. 동기식 변복조기가 사용된다.

### 4.3.4 디지털 변조

데이터 신호의 전압변화에 따라 반송파의 진폭을 변하게 하는 방식인 ASK (Amplitude Shift Keying), 두 개의 2진 값에 서로 다른 주파수를 적용하는 방식인 FSK(Frequency Shift Keying), 반송파의 위상을 이동시키는 방식으로 2, 4, 8 등분으로 위상을 나누어 데이터를 표현하는 방식인 PSK(Phase Shift Keying), 그리고 이들의 조합으로 구성된 방식 등이 사용된다.

# 5 데이터 전송기술

## 5.1 전송용량

전송용량은 디지털 전송을 대상으로 단위시간에 보낼 수 있는 정보의 양을 말한다. 정보 전송률은 보통 초를 단위로 한 비트 전송률(bps : bit per second)로 나타낸다. 또한 물리적으로는 하나인 전송매체가 여러 채널로 나뉘어 사용될 수 있기 때문에 채널용량(channel capacity)이라고도 한다.

## 5.2 전송방식

### 5.1.1 직렬전송

복수개의 비트를 복수개의 전송로를 통해서 동시에 전송하는 방식으로 주로 단거리 전송에 이용된다.

### 5.1.2 병렬전송

한 비트씩 한 개의 전송로를 통해 순차적으로 전송하는 방식으로 주로 장거리 전송에 이용된다.

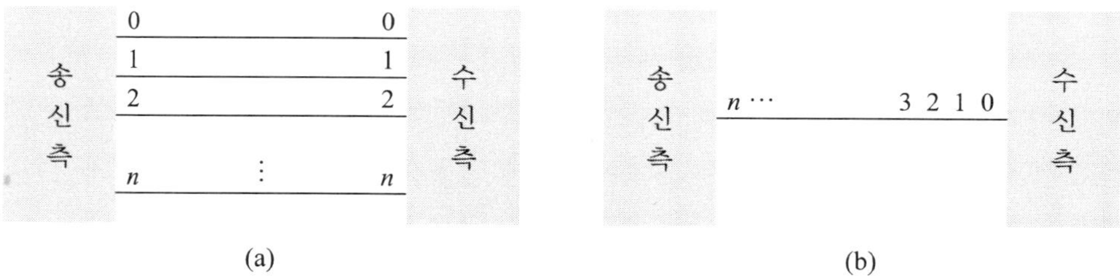


[그림 4.3] 직렬전송과 병렬전송

### 5.1.3 비동기식 전송

비동기식 전송방식은 보통 한 문자단위와 같이 매우 작은 비트 블록의 앞과 뒤에 각각 스타트비트와 스톱비트를 삽입하여 비트 블록의 동기화를 취해주는 방식으로서, 스타트-스톱전송이라고 불리기도 한다. 일반적으로 비동기식 전송방식은 단순하고 저렴하나, 각 문자 당 스타트비트와 스톱비트를 비롯해 2~3비트의 오버헤드를 요구하므로 전송효율이 매우 떨어진다. 보통 낮은 전송속도에서 이용된다.

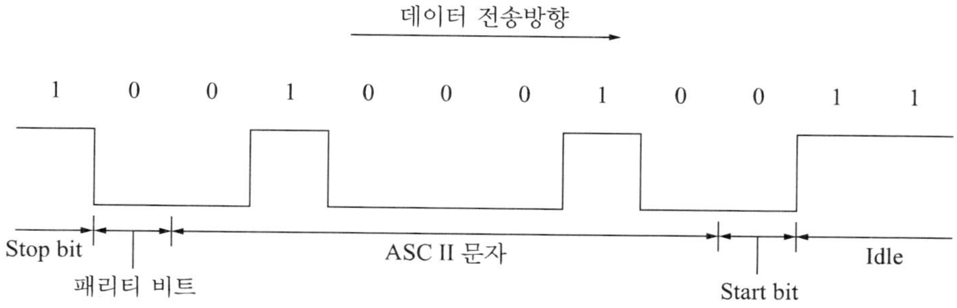


[그림 4.4] 비동기식 전송

### 5.1.4 동기식 전송

비동기식 전송방식의 비효율성을 보완하기 위해서 동기식 전송방식이 제안되었다. 이 방식에서는 프레임이라 불리는 상대적으로 크기가 큰 비트블록을 전송하며, 프레임을 구성하는 비트 블록의 형태에 의해 문자중심전송(Character-oriented transmission)과 비트중심전송(Bit-oriented transmission)으로 구분된다. 프레임은 정보비트 블록과 제어비트 블록으로 구성된다. 한 번에 전송되는 정보비트 블록의 크기가 다를 수 있으므로, 송/수신측 간의 동기화를 위해 전송의 시작과 끝을 알리는 제어비트 블록을 정보비트 블록의 앞, 뒤에 붙여 프레임을 구성한다. 큰 크기의 프레임을 전송하는 이 방식은 제어비트 블록에 의한 동기화 외에 비트단위의 동기화도 요구된다. 비트단위의 동기화에는 별도의 동기화 라인을 통하여 시간정보를 주고받는 방법과 동기화정보를 전송신호에 싣는 맨체스터 부호화방식과 같은 자체동기화 방식이 있다.

## 6 다중화

중앙컴퓨터와 다수의 원격지 단말들을 각각 전용 전송선으로 연결한다면 전송의 안정적인 면은 증대되지만 비용면에서 매우 비효율적이다. 따라서 대규모 통신

시스템에서는 적은 용량만을 필요로 하는 여러 개의 정보흐름을 하나의 용량이 큰 전송선으로 전송하는 방식이 사용되는데, 이를 다중화라고 한다.
여러 경로를 통해 들어오는 정보의 흐름을 모아주는 기능을 수행하는 다중화 장치를 다중화기(Multiplexer)라고 하며, 반대로 다중화된 정보를 다시 여러 개의 분리된 흐름으로 나누어주는 기능을 수행하는 장치를 역다중화기(Demultiplexer)라고 한다. 다중화 방식은 주파수분할 다중화(FDM), 시분할 다중화(TDM), 통계적 시분할 다중화(STDM), 코드분할 다중화(CDM), 및 파장분할 다중화(WDM) 등이 있다.

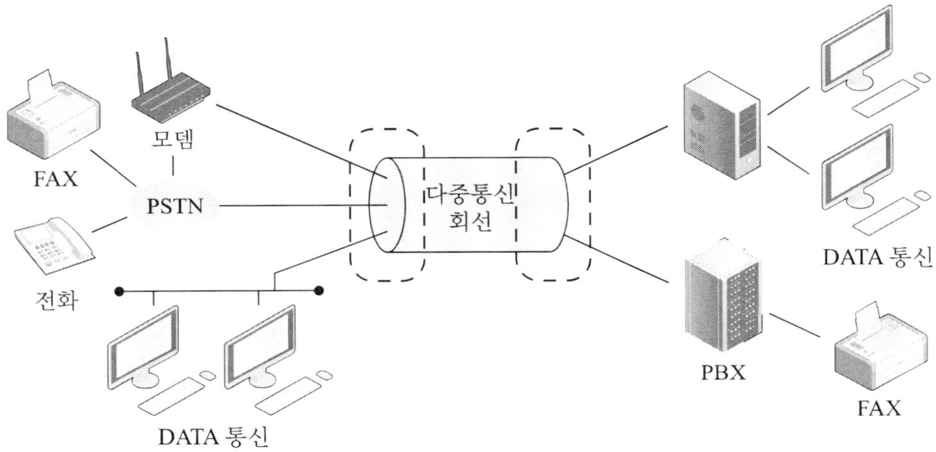


[그림 4.5] 다중화

# 4 연습문제

**문제 4-1** 아날로그 정보의 부호화와 디지털정보의 부호화에 대하여 설명하시오.

**문제 4-2** 진폭변조와 주파수변조에 대하여 파형을 그려 설명하시오.

**문제 4-3** 전송방식에서 직렬전송과 병렬전송의 차이와 특징을 서술하시오.

**문제 4-4** 전송방식에서 동기식 전송과 비동기 전송방식에 대하여 설명하시오.

**문제 4-5** 다중화방식에 대하여 간략히 설명하시오.

Chapter 5

# 통신망 기술

# 1 개요

데이터 통신망은 데이터통신 장치들로 구성되어 있는데, 이러한 많은 자원들이 서로 공유하면서 연결되어 있는 경우, 이러한 장치들의 집합을 하나의 "망(Network)"이라고 한다. 현재 다양한 멀티미디어 정보를 통합하고 동기화시킨 통신망이 요구됨에 따라 고품질의 서비스가 제공되어야 하며, 나아가 통신망의 발달과 서비스의 욕구 증대로 인한 고속화, 광대역화, 고기능화의 기능도 요구된다.

## 1.1 통신대화방식

통신대화방식이란 터미널, 컴퓨터채널, 통신회선, 모뎀 등에서 통신의 전송방향을 구분하는 방법으로서 단방향통신(Simplex)과 이중통신이 있으며, 이중통신은 다시 반이중(half-duplex)과 전이중(full-duplex)으로 나누어진다. [그림 5.1]은 통신대화방식이다

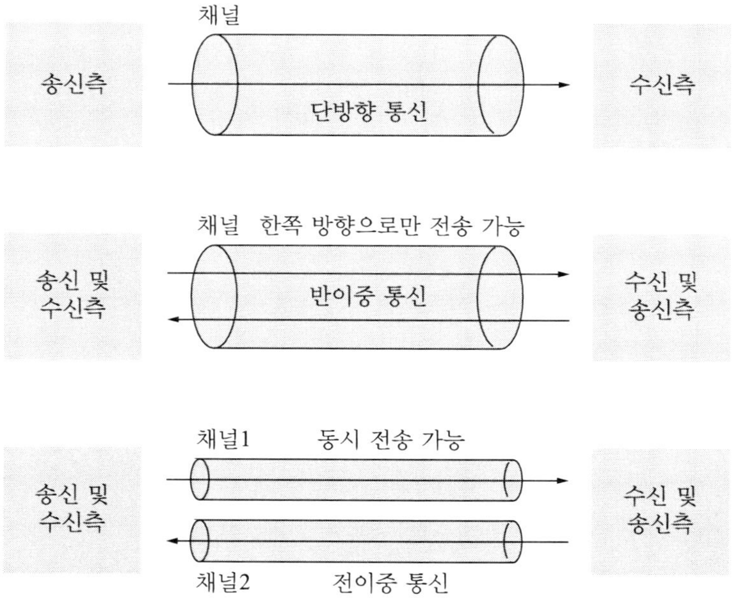


[그림 5.1] 통신대화방식

## 1.2 토폴로지(Topology)

### 1.2.1 토폴로지(Topology)에 따른 종류

(1) 스타형(Star type)

스타형은 중앙에 시스템을 중심으로 단말 간에 일대일로 연결되어 있는 형태를 의미한다. 즉, 각 단말은 스위치 역할을 담당하는 중앙 시스템을 통해 메시지를 전송하는 중앙집중식 형태로 구성된다.

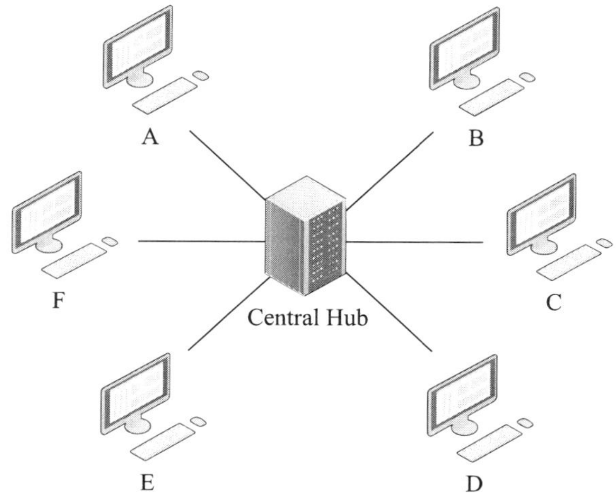


[그림 5.2] 스타형

(2) 트리형(Tree type)

트리형은 계층형(hierarchical)이라고도 하며 루트를 중심으로 계층적 형태로 구성된다. 즉, 루트인 A의 하위에 B～F의 2번째 계층이 연결되고 다시 그 하위로 3번째 계층과 4번째 계층이 연결된다. 이때 최하위 계층의 L은 그 상위계층 G와 다시 그 상위계층인 C와 밀접한 연관성을 갖고 연결된다. 스타형보다는 통신회선을 절약할 수 있으며 일정지역에 설치되면 분산처리시스템이 된다.

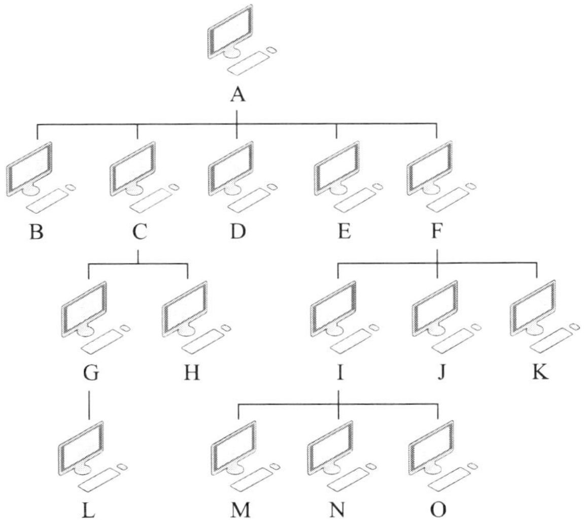


[그림 5.3] 트리형

(3) 망형(Mesh/Interconnected type)

망형은 단말간이 통신회선으로 서로 연결되어 있는 형태로 완전 망형과 부분 망형이 있다. 완전 망형에서는 연결을 위한 비용이 상대적으로 많이 소요된다.

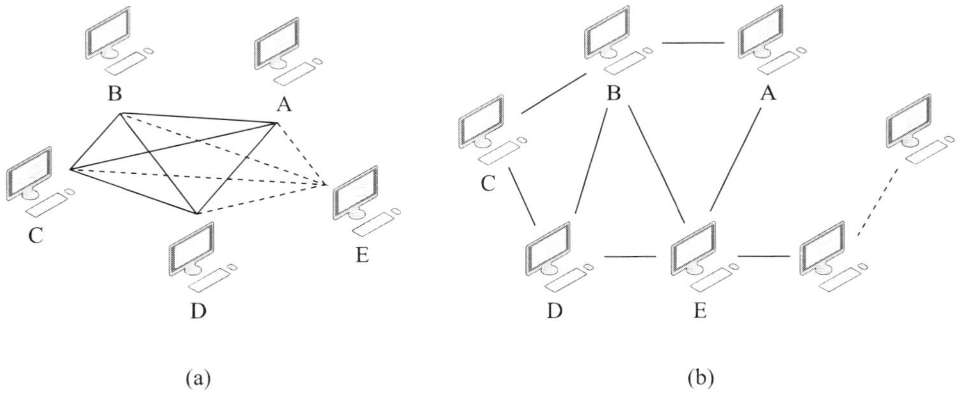


[그림 5.4] 망형(Mesh/Interconnected)

(4) 링형(Ring type)

링형은 루프형(loop type)이라고도 하며 통신망에서 직접 또는 중계기를 통해 서로 이웃한 기기끼리 연결한 형태이다. 그러나 [그림 5.4]에서와 같이 반드시 링의 형태를 갖는 것이 아니며, 단지 논리적으로 링의 형태를 이루는 것으로 생각하면 된다. 데이터의 전송은 폴링에 의한 방식과 토큰에 의한 방식이 있다. 이 방식은 목적지가 아닌 각 노드를 거칠 때마다 노드에 부착되어 있는 리피터에 의해 재생과정을 갖게 되기 때문에 전송 오류를 감소시킬 수 있으며 일방향 또는 양방향으로 정보를 전달할 수 있다.

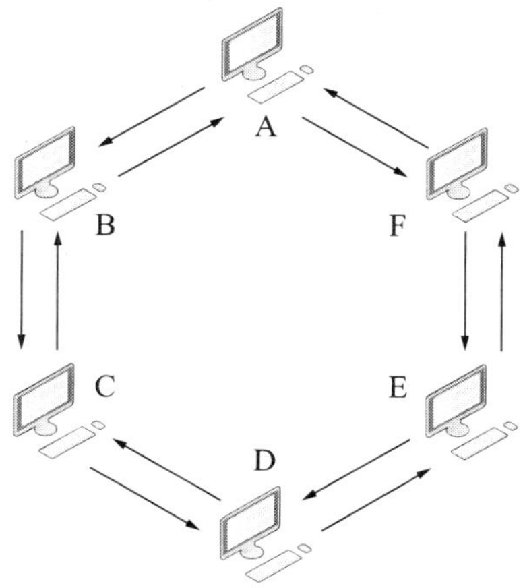


[그림 5.5] 링형

(5) 버스형

버스형은 끝단이 연결되지 않은 것을 제외하면 링형과 같은 형태이다. 한 개의 통신회선에 여러 개의 단말을 연결한 형태로 전송은 기본적으로 브로드캐스팅의 특성을 갖는다. 데이터 전송은 폴링 방식과 선택에 의해 수행되며 버스의 고장에 기인한 경우를 제외하고 매우 높은 신뢰성을 제공한다. 버스형과 링형은 LAN을 구성하는 기본적인 형태이다. 버스형에서 모든 노드는 동일하고 통신제어는 분산 처리된다.

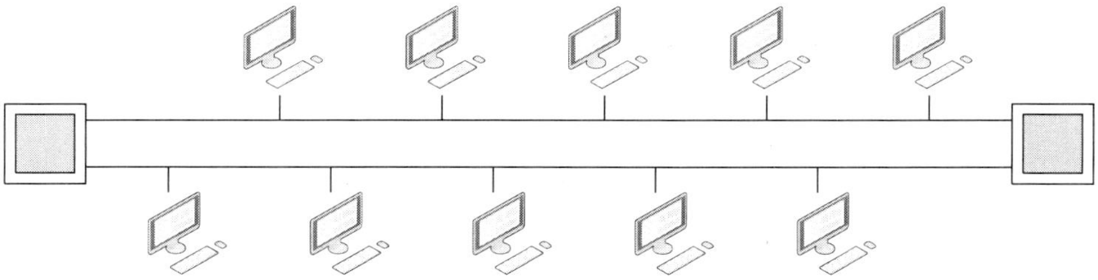

[그림 5.6] 버스형

## 1.3 Routing

IP Packet을 목적지까지 전달할 때 지나가는 경로를 Route 혹은 Path라고 한다. 각 목적지에 대한 최적의 경로를 선택하여 테이블 형태로 가지고 있는데 이를 Routing Table이라고 한다. 이에는 목적지주소, 목적지까지 도달하는데 드는 비용, 그리고 해당 Route로 가는 라우터의 Interface 혹은 그것에 할당된 IP Address가 명시된다. 여기에서 라우터의 Interface 혹은 IP Address를 출구 혹은 Gateway라 한다. 라우터는 IP Packet이 전달되어 오면, IP Packet의 Network Address 부분을 참조하여 그것으로 가는 Gateway를 찾아 전달한다.

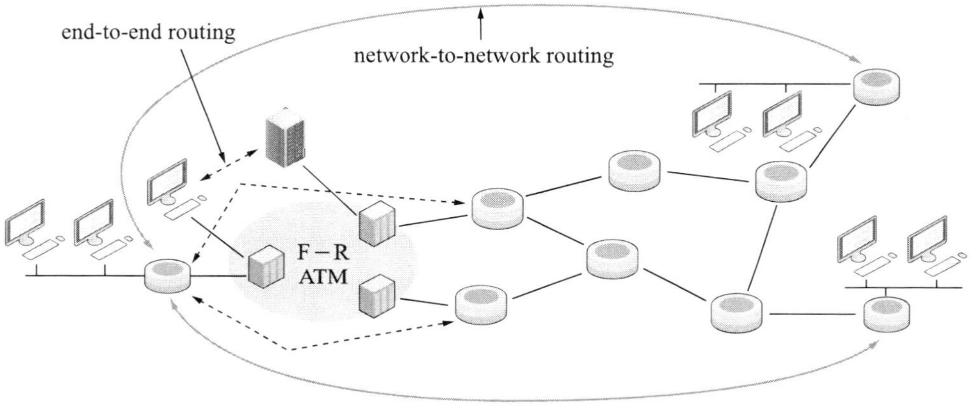


[그림 5.7] Network Routing에서의 Network

[그림 5.7]에서 FR/ATM 네트웍의 교환기는 시스템과 시스템을 직접 연결시켜주는 end-to-end routing 서비스를 제공한다. 그러나 IP 네트웍에서는 시스템의 Network Address만을 참조하여 해당 네트웍으로 전달해 주는 network-to-network routing서비스를 제공한다. [그림 5.7]에서 라우터는 목적지 Address에 맞는 경로로 packet을 전달하고 이를 위해서 라우터는 목적지까지 도착할 수 있는 경로에 대한 정보(Routing Information)를 가지고 있어야 한다. 이때 최적의 경로를 결정하는 것을 Route Detennination이라 하며 라우터와 인접한 라우터간 상호 경로정보를 주고받는데 이용하는 Protocol을 Routing Protocol이라 한다.

Routing은 Address 인지 기능, 최적의 경로정보 테이블을 검색하는 Routing Table 검색기능, 여러 경로 중 최적의 경로를 선택하는 Route 결정기능, 결정된 Route로 packet를 전달하는 packet 전달기능, 인접한 라우터와 경로정보를 교환하는 경로정보(Routing Information)교환 기능, 교환된 경로정보를 바탕으로 자신의 Routing Table을 갱신하는 기능이 있다.

## 1.4 BGP(Border Gateway Protocol)

BGP(Border Gateway Protocol)는 AS Number가 다른 네트웍 간에 Routing Information을 주고받는 Exterior Gateway Protocol을 뜻한다. BGP에서는 목적지에 대한 최상의 경로를 선택할 때 여러 가지의 Metric을 사용한다. BGP에서는 우선순위가 있는 각 Metric을 차례대로 참조하여 최상의 경로를 선택하며 Next_Hop, Weight, Local Preference, AS_path, Origin type, MED등의 Metric을 이용한다. IGRP에서는 Bandwidth, Delay, Reliability, Load, MTU 등을 조합하여 계산한 Cost가 가장 낮은 경로를 최상의 경로로 선택한다.

## 1.5 LAN

LAN Protocol은 OSI의 Data Link Layer 및 Physical Layer에 해당하는 역할을 하며 Ethernet, Fast-Ethernet, Token-Ring, FDDI등이 해당한다. Ethernet은 Xerox, DEC에서 공동 발표한 CSMA/CD방식의 LAN Protocol이고, IEEE802.3은 IEEE에서 규정한 CSMA/CD 방식의 LAN Protocol이나 Network Layer와 interface하는 방법이 다를 뿐 거의 유사하다. IEEE에서는 802.2 LLC를 규정하고 있어 LAN이 IEEE 8023이나, IEEE802.5(Token-Ring), FDDI이든 관계없이 Network Layer가 DataLink와 동일하게 interface 할 수 있도록 하고 있다.
[표 5.1]은 LAN Protocol별 특징이다.

▼ 표 5.1 LAN Protocol별 특징

| 구분 | Ethernet | Token-Ring | FDDI |
|---|---|---|---|
| 형태 | Bus type | Ring type | Dual-Ring type |
| 데이타전송속도 | 10 Mbps | 4/16 Mbps | 100 Mbps |
| 데이타전송방식 | CSMA/CD | 토큰패싱 | 토큰패싱 |
| 최대 네트웍거리 | 500 m | 1 Km | 100 Km |
| 패킷 크기 | 1.5 Kbytes | 4/18 Kbytes | 4.5 Kbytes |
| 최대단말기 수 | 1024 | 260개(STP케이블사용시)<br>72개(UTP케이블사용시) | 500 |

### 1.5.1 MAC Address

실제로 시스템들이 LAN Media를 이용하려면 LAN card를 꽂아 접속해야 이

LAN card마다 고유한 Address를 가지는 것을 MAC(Media Access Control) Address이라 하고 이를 통해 DataLink Level간 통신이 이루어진다. MAC Address는 앞 24bit는 제조업체 번호, 제조업체에서 생산한 일련번호 24bit의 총 48bit로 구성되어 있으며 LAN card의 ROM에 저장되어 있다. TCP/DP Protocol에서는 이러한 MAC Address를 찾는 Protocol을 Address Resolution Protocol (ARP)이라고 한다.

### 1.5.2 Ethernet 과 IEEE 802.3

Ethernet과 IEEE 802.3은 유사한 LAN Protocol로 Ethernet으로 통일해 사용하여도 무방하다. Ethernet은 사무실에서 가장 많이 쓰이고 있는 LAN Protocol로 데이터 전송속도는 40Gbps까지 지원된다. 이러한 Ethernet은 LAN의 길이, 시스템 접속시 port에 따라 Thin Ethernet, Thick Ethernet, 10BaseT의 3가지 방식이 있다.

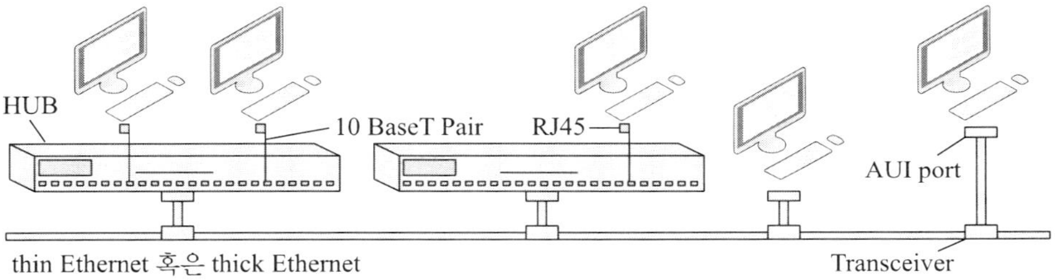


[그림 5.8] Ethernet 접속

## 1.6 WAN

WAN Protocol은 LAN보다는 저속의 전송속도를 제공하며 두 지점을 잇는 Protocol이다. 이에는 SDLC, HDLC, LAPB, Frame Relay, ATM, PPP 등이 있다.

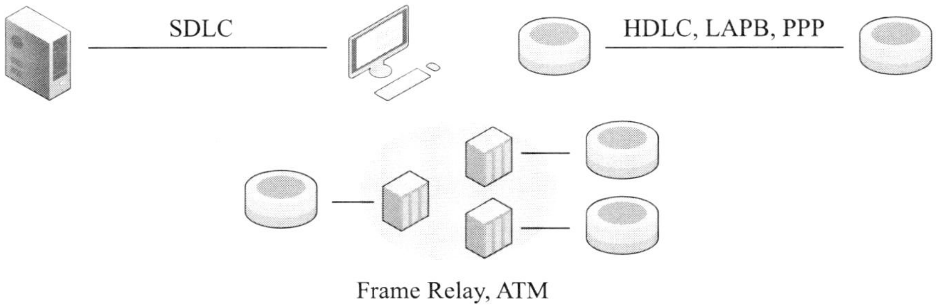


[그림 5.9] WAN의 구성

# 2 교환 기술

## 2.1 교환기

### 2.1.1 정의

가장 보편적으로 사용되는 기본 통신서비스인 전화 교환의 목적으로 개발된 것으로 기본적으로 음성이 입력되어 교환되고 출력되는 통화로계와 이를 제어하는 제어계로 구성된다. 통화로계의 구성방식에 따라 기계식, 반전자식, 전전자식으로 분류되거나 제어계 구성방식에 따라 수동식, 기계식자동, 전자식자동으로 분류되기도 한다. 또한 사용목적에 따라 사설교환기, 시내교환기, 시외교환기, 국제교환기로 구분된다. 최근 ISDN 기능을 수용한 ISDN 교환기와 ATM 방식을 수용한 ATM 교환기가 등장하고 있다. [그림 5.10]은 최대 25,000 회선까지 교환 가능한 MCC를 나타낸다.

### 2.1.2 기본 구성

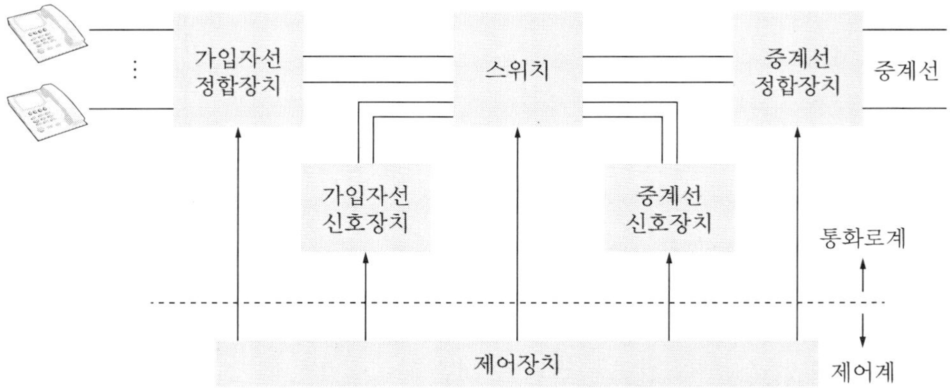


[그림 5.10] 교환기 기본구성

## 2.2 교환 방식

교환 방식은 동일기종 또는 이기종 단말기간의 지리적 분산 상태를 서로 공유하기 위해 물리적인 전송 매체를 통한 상호 연결한 방식으로 전용회선을 사용하면 비효율적이기 때문에 교환기를 이용한다.

### 2.2.1 회선교환방식(Circuits Switching type)

음성 교환기가 취하고 있는 기본적인 교환방식인 회선교환은 정보 전송의 필요성이 생겼을 때, 상대방을 호출하여 연결하고 정보전송이 종료될 때까지 이 물리적인 연결은 계속된다. 물론 정보전송이 끝나면 이 물리적 연결은 해제된다. 그러나 한 가지 문제점은 일단 물리적 연결이 이루어진 후 그 회선은 다른 사람과 공유하지 못하고 배타적으로 연결된 두 사람 사이 외에는 이용이 불가능하다는 점이다. 즉, 경로를 구성하는 링크의 집합을 회선이라고 하는데, 이 교환방식에서는 송·수간의 통신회선을 독점한다. 이 방식의 장점은 경로설정의 시간외의 지연이 발생하지 않는다는 점과 고정된 정보 전송률로 전송이 가능하기 때문에 연속적인 데이터나 사용 시간이 긴 경우에 유리하다는 점 등을 들 수 있다. 단점으로는 독점된 회선은 배타적으로 사용되기 때문에 전체적으로 보면 비효율적이며 어느 정도의 지연이 허용되는 전송에는 부적합하다는 점을 들 수 있다.

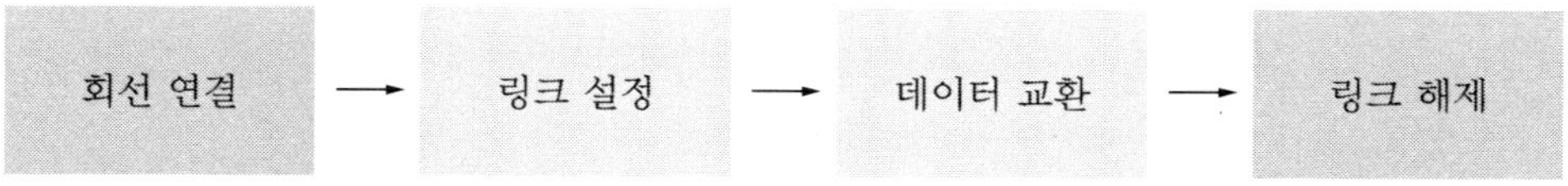


[그림 5.11] 회선교환방식(Circuits Switching)

### 2.2.2 메시지 교환방식(Message Switching type)

메시지라는 논리적 데이터 단위로 전송하는 방식으로 메시지에는 수신측의 주소가 포함된 헤더를 보유한다. 노드에서 노드로 전달되어 수신측에 해당하는 터미널로 전송되며 이때 교환 노드는 임시의 저장 장소를 보유한다. 각 노드는 모든 메시지를 수신하는 시간지연과 전송을 기다리는 대기지연시간을 소요한다. 즉, 메시지 교환에서는 전송되는 데이터를 교환기가 수신하고 필요하면 저장하였다가 이를 다시 적절한 경로를 통해 전달하는 '축적 후 전송(store-and-forward)' 방식을 사용한다.

메시지 교환은 단순히 메시지를 전달하는 것이 주목적이기 때문에 빠른 응답시간을 요하는 대화형 서비스에는 적합하지 않다. 이러한 특성으로 인해 네트워크가 과부하가 걸려도 데이터를 버리는 것이 아니라 전송할 수 있을 때까지 데이터를 저장하므로 지연만 점점 커지게 된다.

### 2.2.3 패킷교환방식(Packet Switching type)

전체 데이터를 일정한 크기의 데이터 블록으로 나누어 정해진 형식에 따라 전송하는 방식으로 목적지 주소에 따라 통신경로가 선택된다. 일반적으로 교환기에서 소요되는 지연이 없는 방식으로 빠른 응답시간이 요구되는 응용에 적합하다. 링크의 효율적인 사용과 신뢰성이 높은 교환방식이기 때문에 과부하시 지연은 발생해도 송신 자체의 거부는 발생하지 않는다. 동시에 여러 사용자에게 전송이 가능하며 패킷 구조의 변환장치를 이용해 서로 다른 단말기간의 통신도 가능하다. 패킷교환방식은 데이터 전용 교환방식으로 대역폭의 효율적인 이용이라는 요구를 충족시킬 수 있고 교환기 자체의 비용 또한 현저하게 낮출 수 있다. 또한 패킷에 우선순위를 부과할 수 있으며 동일한 패킷을 여러 사용자에게 동시에 전송할 수 있다.

▼ 표 5.2 회선 및 패킷교환방식 비교

| 구 분 | 회선교환 | 패킷교환 |
|---|---|---|
| 대역폭 | 고정된 대역폭 전송 | 동적인 대역폭 사용 |
| 전송속도 | 대화식 사용이 가능할 정도로 빠름 | 대화식 사용이 가능할 정도로 빠름 |
| 전송경로 | 송/수신간의 전송을 위해 전송경로 설정 | 매 패킷마다 전송경로 설정 |
| 호출된 노드의 폭주시 | Busy 신호 송출 | 패킷이 전달되지 않으면 송신측에 통지 |
| 교환노드의 종류 | 전자/기계식 또는 컴퓨터화된 교환노드 | 소규모 교환노드 |
| 속도 및 코드변환 | 변환하지 않음 | 필요에 따라 속도/코드 변환 |
| 오버헤드비트 | 경로설정 후에는 오버헤드 비트가 필요없음 | 각 패킷마다 오버헤드 비트가 필요 |

(1) 데이터그램(Datagram) 방식

데이터그램 방식은 가상회선과는 달리, 노드의 부하를 고려해서 패킷을 받은 각 노드가 그 상황에서 최적의 경로를 설정한다. 데이터그램 방식은 상황에 따라 새롭게 경로가 결정되므로 네트워크 내에서 장애가 발생했을 때 경로를 재성립할 필요가 없다는 장점이 있다.

(2) 가상회선(Vertual Circuits) 방식

정보전송을 시작할 때 우선 두 지점 사이에 논리적인 전송로를 설정하고 이후에는 매 패킷마다 송수신자의 주소를 넣지 않고 그 논리적 전송로의 번호만으로 전송을 행하는 방식으로 링크의 상황에 따라 적절히 전송되며 효율적인 경로를 제공한다. 그러나 패킷의 재조립이 요구된다. 가상회선은 통신을 행할 때마다 새로운 통신경로를 설정/해제하는 교환 가상회선(SVC : Switched Virtual Circuit)과 통신할 상대방에 따라 고정된 통신경로를 미리 설정하는 고정 가상회선(PVC : Permanent Virtual Circuit)으로 구분된다.

### 2.2.4 셀 교환방식(Cell Switching)

셀 스위칭이 음성, 데이터, 화상, 영상, 방송뿐만 아니라 복합적 형태의 정보전송을 고속으로 교환해 주는 미래의 교환기술로 급격히 떠오르고 있다. 셀은 작은 고정 크기의 패킷이다. 따라서 패킷에서와 같이 주소 등과 같은 제어 정보와 이용자 정보로 구성된다. 셀을 전송하기 위해 송신자는 메시지를 셀 크기에 맞추어 제어정보를 추가하여 전송하고 수신측에서 이들 셀을 다시 조합하여 원래의 정보를 재생한다. 셀의 크기는 네트워크마다 다를 수 있으나 B-ISDN의 표준으로는 5바이트의 헤더와 48바이트의 이용자 정보를 합하여 53bytes의 고정 크기로 셀의 크기를 정하였다. 그러나 B-ISDN의 표준이 아닌 경우 셀의 크기는 4바이트에서 256바이트까지 다양하다. 셀의 크기에 따라 제어정보의 오버헤드가 다르기 때문에 셀의 크기는 중요한 의미를 갖는다. 작은 셀이 갖는 장점은 낭비가 없다는 점이다. 그러나 셀의 크기가 너무 작으면 오버헤드가 과다하게 되어 실제의 정보 전송율이 떨어지게 되는 단점도 있다. 따라서 적당한 크기의 셀을 선택해야 한다.

셀이 네트워크를 통하여 목적지까지 전달되는 과정은 기본적으로 기존의 패킷 네트워크와 동일하다. 결국 셀 스위칭은 종전의 회선교환 방식이 갖고 있는 짧은 지연 특성과 패킷교환 방식이 갖고 있는 효율적 대역폭 이용의 장점에다 고속이라는 장점까지를 겸비하고 있어 모든 형태의 정보를 효율적으로 교환 분배할 수 있는 교환방식인 셈이다. 더욱이 셀 교환방식은 LAN에서도 그대로 이용이 가능하여 최초로 LAN과 WAN을 천하 통일할 교환방식으로도 주목을 받고 있다.

ATM은 CCITT에 의해서 표준안으로 정해진 셀을 기본으로 하는 교환방식이다. 이 경우의 53바이트 셀을 ATM 셀이라고 부른다. ATM교환은 다중화를 담당하는 B-ISDN의 핵심기술이다. 현재의 ATM 표준안은 622Mbps의 속도까지 지원가능하나 장차 기가 비트급까지 가능할 것으로 기대 된다. 향후, 더 발전이 기대되고 있는 교환방식으로 광교환 방식이 있다.

# 3 프로토콜(Protocol)

## 3.1 개념

프로토콜은 두 개의 개체가 성공적으로 통신하기 위한 약속으로, 무엇을 통신하고, 어떻게 통신할 것인가를 규정하는 관련 개체들 간에 상호 용납되는 일련의 약속된 규약이다. 사실 통신에서 말하는 프로토콜은 엄밀히 말하면 통신 프로토콜이라고 앞에 통신을 반드시 붙여 말해야 한다. 그런데 보통 우리는 통신을 생략하고 프로토콜이라고만 말하고 있는데 이 경우 듣는 사람이나 말하는 사람 모두 프로토콜은 통신 프로토콜을 의미하게 되는 셈이다. 통신 프로토콜의 정의에는 앞에서 말한 프로토콜의 일반적인 개념이 그대로 들어있다. 통신이란 말에 이미 두 상대방이라는 개념이 배경에 놓여 있다. 상대방이 없는 통신이란 있을 수 없으므로, 통신 프로토콜 또한 당연히 정보를 송신하고 수신하는 두 상대방 사이의 약속인 것이다.

## 3.2 망 관리

### 3.2.1 등장 배경

소규모의 망을 운영하는 경우, 연결된 통신장비 및 컴퓨터 시스템의 수가 적기 때문에 관리의 필요성을 느끼지 못했다. 그러나 망이 확장되면 될수록 새로운 기술 및 제품에 의한 통신장비 및 시스템의 수는 많아지게 되었고 이들을 효과적으로 관리할 수 없는 경우에는 망의 확장, 유지보수 및 서비스 제공에 커다란 장애요인으로 등장하게 된다. 이는 비단 망에 국한되는 문제가 아니라, 투자되는 비용측면에서도 불필요한 낭비가 될 확률이 많기 때문이다.

수많은 업체에서 제작된 많은 종류의 장비들을 일관성 있게 관리한다는 것은 매우 힘든 일이지만 국제 표준화 그룹은 망관리를 위한 표준 프로토콜을 제정하고 있으며, 이러한 표준 프로토콜을 지원하는 통신 장비를 사용하도록 권장하고 있다. 현재 잘 알려진 망관리 프로토콜로서는 SNMP(Simple Network Management Protocol)과 CMIP(Common Management Information Protocol) 등이 있다.

### 3.2.2 망 관리 구조

현재 사용 중인 대부분의 네트워크 관리 구조들은 [그림 5.12]와 같은 동일한 기본 구조를 사용한다.

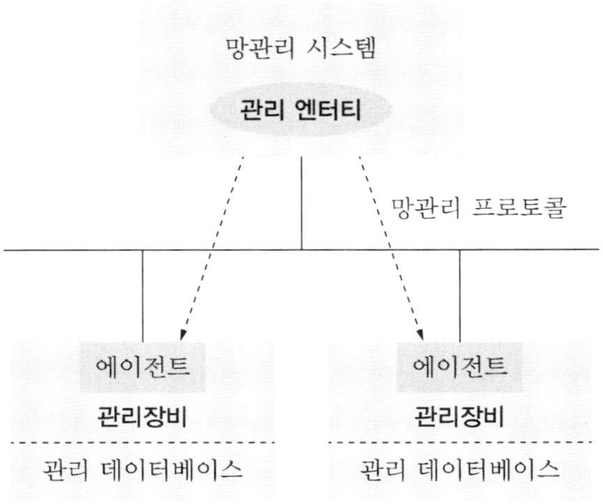


[그림 5.12] 망 관리 구조

컴퓨터 시스템이나 통신장비 등의 관리장비들은 문제가 발생했을 때 경보를 전송할 수 있는 소프트웨어(에이전트 ; Agent)를 가지고 있으며 각 관리대상에 대한 정보를 관리 데이터베이스에 저장하고 있다. 발생한 문제가 어떤 정해진 한계치를 넘어서면, 관리시스템에게 망관리 프로토콜을 통하여 정보를 전송하게 된다. 정보를 수신한 관리시스템은 운영자에게 이를 알리거나, 이 사실을 기록하고 문제를 해결하기 위한 절차들 수행하는 등의 역할을 수행하게 된다.

관리시스템은 각각의 관리대상들에게 어떤 특정한 정보에 대해 문의할 수가 있는데 이는 자동적으로 수행되거나 관리자의 요청에 의해 수행될 수도 있다. 이 경우, 관리대상들은 관리시스템의 문의에 대해 각자가 유지하고 있는 관리 데이터베이스를 참조하여 이 정보를 관리프로토콜을 이용하여 관리시스템에게 알려주게 된다.

### 3.2.3 망 관리 모델

ISO에서는 망 표준화에 많은 공헌을 하고 있으며, ISO에서 제시한 망 관리 모델은 망 관리 시스템의 주요 기능을 이해하는데 도움을 주고 있다. 성능관리(Performance Management), 형상관리(Configuration Management), 회계관리(Accounting Management), 고장관리(Fault Management), 그리고 보안관리(Security Management) 개념적인 영역으로 구분하고 있다.

성능 관리는 망의 성능이 어떤 주어진 수준 이상으로 유지될 수 있도록 망의 성능과 관련된 여러 가지 측면들을 유지하고 관리하는 역할을 수행한다. 형상 관리는 망의 동작과 관련된 여러 하드웨어 및 소프트웨어들에 대한 형상 정보들이 추적되고 관리될 수 있도록 망 및 시스템의 형상 정보들을 감시하는 역할을 수행한다. 회계 관리는 사용자나 혹은 사용자 그룹에서 망 자원을 고르게 사용할 수 있게 하기 위해 망 자원의 사용도를 측정하고 이를 분석하는 역할을 하는 것으로서 이를 통하여 망 자원에 대한 효율적 분배 및 사용이 가능해 질 수 있으며, 이를 근거로 비용 정보를 산출할 수 있다. 고장 관리는 망에서 발생하는 문제점들을 검출하고 기록하여, 사용자에게 알려주거나 혹은 수리를 하는 역할을 수행한다. 보안 관리는 허가된 사용자만이 망 자원을 접근하여 사용할 수 있도록 하는 역할을 한다.

## 3.3 OSI 참조 모델

### 3.3.1 개요

1960년대에 P.Baran이 패킷의 개념을 처음으로 발표한 이래, IBM에서 2 계층 전송제어방식인 BSC 프로토콜을 개발했다. 1972년에는 IBM에서 동기방식의 SDLC/SNA(System Network Architecture) 프로토콜을 개발했다. 그 후, Digital Equipment사는 DNA(DECnet)를, 히타치는 HNA, FNA, Novell은 Netware (IPX/SPX), XEROX는 XNS를 자신들의 회사에 맞는 네트워크 프로토콜을 개발했다. 그러나 당시 자사 제품을 팔고 거기에 맞는 프로토콜을 개발했지만, 시간이 지나고 서로 다른 시스템들을 서로 연결할 필요성이 급증하게 되었다. 따라서 국제 표준화 기구중 하나인 ISO(International Organization for Standardization)가 표준화를 진행했다. 그 후, 1973년 HDLC(High-level Data Link Control)프로토콜이 만들어졌는데, 이 HDLC 프로토콜을 바탕으로 약간씩 변형되어 LAP-B(X.25의 2계층 프로토콜), LAP-D(ISDN의 2계층 프로토콜), LAP-F(F/R의 2계층 프로토콜), LLC/MAC(LAN의 2계층 프로토콜)등이 만들어졌다. 1960년대 후반에 DOD에 의해서 연구되기 시작한 이래, 1969년 UCLA, UCSB, SRI, UTAH에서 시작한 ARPANET(Advanced Research Projects Agent Network)을 모태로 1975년에 TCP/IP가 탄생되었다. 1977년 OSI에서는 네트워크 체계의 표준화를 위해서 OSI(Open System Interconnection) 참조모델을 만들었다.

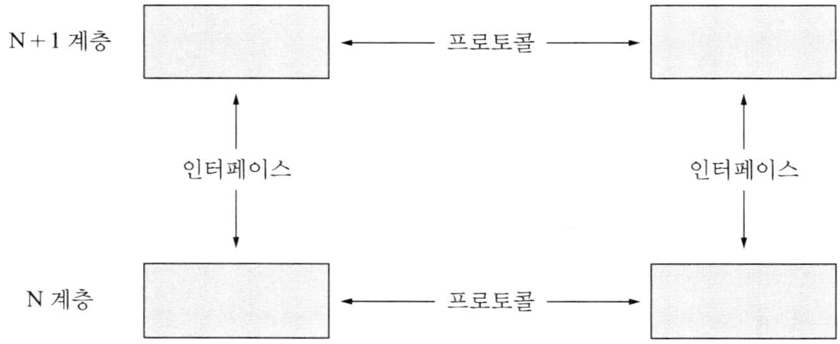


[그림 5.13] OSI 참조모델

### 3.3.2 계층구조

(1) 상위계층

가. 응용계층(Application Layer : 7계층)

응용계층은 OSI 모델에서 사용자와 가장 가까운 층이다. 이 계층은 OSI의 다른 어떤 계층에도 서비스를 제공하지 않는다는 점에서 다른 계층과 다르다. 이 계층에는 스프레드 쉬트, 워드 프로세싱 등이 속한다.

나. 표현계층(Presentation Layer : 6계층)

표현계층은 한 시스템의 애플리케이션에서 보낸 정보를 다른 시스템의 애플리케이션 층이 읽을 수 있도록 하는 층이다.

다. 세션계층(Session Layer : 5계층)

세션계층은 애플리케이션 간에 세션을 구축하고 관리하며 종료시키는 역할을 하는 층이다. 세션 층은 프리젠테이션 층 사이의 대화를 동기 시키며 데이터 교환을 관리한다.

라. 전달계층(Transport Layer : 4계층)

전달계층은 데이터 전송 서비스를 제공하는 계층이다. 즉 신뢰성 있는 서비스를 제공하기 위해 전달계층은 가상 회로의 구축, 유지 및 종료, 전송 오류 검출 및 복구 그리고 정보 흐름 제어의 절차를 제공한다.

(2) 하위계층

하위계층의 목적은 통신망 또는 전송매체에 구애받지 않고 상위계층이 필요로 하는 성능과 품질의 데이터 전송을 보장하기 위한 것이다. 즉, 데이터의 전송에 이용되는 여러 가지 수단 및 네트워크 계층 이하의 프로토콜에 관계없이 상위계층 간의 통신을 보장하며, 상위계층이 요구하는 각종 네트워크 서비스를 가능한 높은 효율로 비용을 절약할 수 있도록 하는 수단을 제공하기 위한 것이다.

가. 네트워크계층(Network Layer : 3계층)

네트워크 계층은 컴퓨터 및 단말장치 등의 시스템이 하위의 데이터링크 계층 서비스를 이용하여 하나 또는 복수의 통신망을 이용하여 상호 투과적인 데이터 전송을 행할 수 있도록 경로선택 기능(Routing)과 중계기능(Relaying)을 제공한다. 여기서 투과적 데이터 전송이란 서로 다른 통신망간의 기술적 차이 때문에 발생하는 문제들을 흡수하여, 상위계층의 처리 방식을 의식하지 않고 원하는 통신 서비스를 제공하는 데이터의 전송을 의미한다. 또한, 통신망에 연결된 시스템간의 통신이 가능하도록 상호의 설정과 절단 및 데이터 전송절차를 실현하고, 네트워크에 접속하는데 필요한 순서 제어 및 흐름 제어 등의 기능을 수행하는 계층이다.

나. 데이터링크계층(Data Link Layer : 2계층)

데이터링크 계층은 상위의 네트워크 계층의 개체들 간의 데이터링크의 설정, 유지, 단락 및 데이터의 전송 등을 제어한다. 즉, 데이터링크 프로토콜은 접속된 기기 사이의 통신을 관리하고, 신뢰도가 낮은 전송로를 신뢰도가 높은 전송로로 전환시키는데 사용된다. 물리계층 서비스를 이용하여 인접 개방 시스템 사이에 원활한 데이터 전송을 수행하여 상위의 네트워크 계층에 서비스를 제공한다. 예를 들어, 종래 컴퓨터와 단말기 사이의 "통신 제어 절차" 규정이 여기에 속한다.

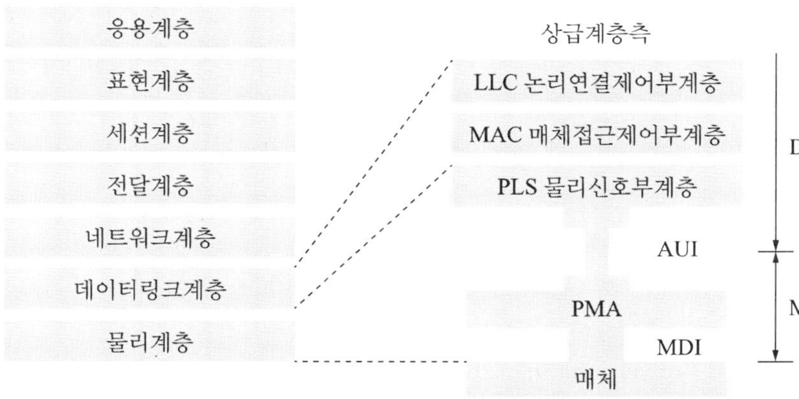


| | | |
|---|---|---|
| AUI | = | Attachment Unit Interface (부착 장치 인터페이스) |
| MAU | = | Medium Attachment Unit (매체 부착 장치) |
| MDI | = | Medium Dependent Interface (매체 종속 인터페이스) |
| PMA | = | Physical Medium Attachment (물리 매체 부착) |

[그림 5.14] 데이터 링크계층

다. 물리계층(Physical Layer : 1계층)

OSI 참조 모델에서 최하위 계층의 비트열 전송기능을 담당하는 물리계층은 시스템 간에 물리적 링크를 작동시키거나 유지하며 전기, 기계, 절차 그리고 기능적 측면의 문제들을 정의한다. 즉, 단말기기와 전송매체 사이의 인터페이스를 정의하며, 바로 상위의 데이터링크 계층의 개체간 비트 전송을 위한 기계적, 전기적, 기능적(또는 논리적), 절차적 수단을 제공한다. 신호를 송수신하는 DTE/DCE 인터페이스 회로와 제어순서, 커넥터 형태 등의 규격을 정의한다. 아날로그 전화 회선 접속용인 V계열 권고안과 패킷교환/회선교환망의 접속용인 X계열 권고안 및 ISO의 물리적 커넥터와 핀번호에 대한 표준을 정의한다.

## 3.4 TCI/IP

TCP/IP Protocol은 OSI 7Layer Model과 달리 4Layer Model로, Application Layer, Transport Layer, IP Layer, Network Interface Layer로 이루어져 있다.
Applcation_Layer는 이용자의 데이터를 처리하여 Transport Layer로 전달하여 주고, Transport Layer에서는 Data를 나누어 segment를 만든 후 이를 IP Layer로 전달한다. DP Layer에서는 segment에 IP header를 추가하여 packet을 만들어 Network Interface로 넘겨주고 Network Interface는 packet을 frame 단위로 만들어 LAN이나, WAN을 통해 목적지까지 전달되도록 한다. Network Interface는 DataLink Layer와 Physical Layer의 기능을 합쳐 놓은 것으로 LAN Protocol (Ethernet, Token-Ring, FDDI 등) 및 WAN Protocol(ATM, PPP 등)이 해당한다.
TCP/IP Protocol은 개방된 표준 Protocol로 LAN Protocol이나 WAN Protocol이 IP Layer와 interface할 수 있도록만 해주면 어떠한 Protocol이라도 이용될 수 있다. [표 5.3]은 Application_Layer에서 제공하는 주요 Protocol과 기능이다.
Transport Layer는 [표 5.4]와 같이 TCP(Transmission Control Protocol)와 UDP(User Datagram Protocol)가 있다.
TCP는 Connection-oriented Protocol로 segment가 상대측까지 제대로 전달되었는지 acknowlegment를 주고받으며 점검한다. 그러나 UDP는 Connectionless Protocol로 segment를 보내기만 하고 acknowledge-ment를 주고받지 않기 때문에 제대로 segment가 전달되었는지 확인할 수는 없다.
TCP는 데이터가 안정되게 전달되어야 하는 Application Protocol에서 이용되며 segment를 보낸 후 acknowledgement를 받은 다음 segment를 보내게 된다. 따라서 데이터전송시 시간지연요소로 작용할 수 있으나 UDP의 경우는 이러한 시간지연요소 과정이 없어 빨리 데이터를 보낼 수 있는 장점이 있다. 그러므로 불특정 다수에게 데이터를 보내는 broadcasting과 같은 작업에서 많이 이용하고 있으며 인터넷 네트워킹의 경우는 대부분이 TCP를 사용한다.

▼ 표 5.3 Application Layer에서 제공하는 Protocol

| 목 적 | Protocol | 기능 |
|---|---|---|
| 파일송수신 | FTP | 파일송수신 |
| | TFTP | 파일송수신 |
| | NFS | 네트워을 통해 다른 시스템의 파일시스템을 이용할 때 사용 |
| 메일송수신 | SMTP | 메일서버와 메일서버간의 메일송수신 |
| | POP | 메일서버와 메일클라이언트간의 메일송수신 |
| 원거리 접속 | Telnet | 다른 시스템으로의 로그인 기능 |
| 망관리 | SNMP | 데이터 흐름정보를 가지고 네트웍 및 시스템의 동작 |
| 기타 | DNS | 호스트이름에 대한 IP Address를 알려주는 기능 |
| | HTTP | Web 서비스 Protocol |
| | NNTP | 뉴스기사 송수신 Protocol |

▼ 표 5.4 TCP와 UDP Layer

<table>
<tr><td colspan="2">Application Layer</td></tr>
<tr><td>TCP</td><td>UDP</td></tr>
<tr><td colspan="2">IP</td></tr>
<tr><td colspan="2">Network Interface</td></tr>
</table>

## 3.5 계층간 상호작용

### 3.5.1 상호기능의 이해

네트워크의 구조가 복잡한 경우에 계층구조를 사용한다. 자신보다 아래쪽 계층이 제공하는 서비스를 이용해서 자신의 위쪽 계층에 서비스를 제공하는 것이 계층 구조이다. 계층구조에서 한 컴퓨터의 한 계층은 다른 컴퓨터의 동급계층과 직접 통신하는 것처럼 보이지만 사실을 한 계층씩 위아래로 오르내리는 과정이 존재한다. 그리고 네트워크 서비스를 제공하는 계층의 기능은 통신하고자하는 상대편 컴퓨터에도 동급의 서비스 제공자가 있어야 가능하다. 상대편 서비스 제공자는 자신과 같은 수준의 계층이 보낸 명령과 응답을 이해할 수 있어야 한다.

### 3.5.2 개체(Entity)

개방 시스템 간 통신을 가능하게 하는 각 계층에서의 능동적 요소이자 논리적 모듈이다. (N)개체는 자신에게 부여된 역할을 수행하는 기능요소로서, (N)번째 계층의 기능을 수행한다. 또한 동일계층에 속하는 타 개방형 시스템 상에 존재하는 개체와 상호 통신함으로써 지정된 역할을 수행한다.

### 3.5.3 서비스 접근점(SAP : Service Access Point)

상하위 계층의 개체들의 통신 포트로서 일종 개체간 주소의 역할을 담당한다. 또한 상하위 계층 개체들의 통신 식별자이자 연결통로이다. 하나의 SAP에는 하나 이상의 접속종단점(CEP : Connection End Point)이 존재하여, 여러 개의 연결경로 설정도 가능하다. 여기서 접속종단점은 (N)-SAP에서의 (N) 접속의 한 끝점을 의미한다.

### 3.5.4 데이터 단위

정보를 동일계층의 개체 간에 교환하거나 SAP을 통해 인접계층의 개체 간에 교환하기 위한 단위이다. 이때, 동일계층 개체 간에 교환되는 정보단위를 PDU (Protocol Data Unit)라고 하며 SAP을 통해 인접계층의 개체 간에 교환하기 위한

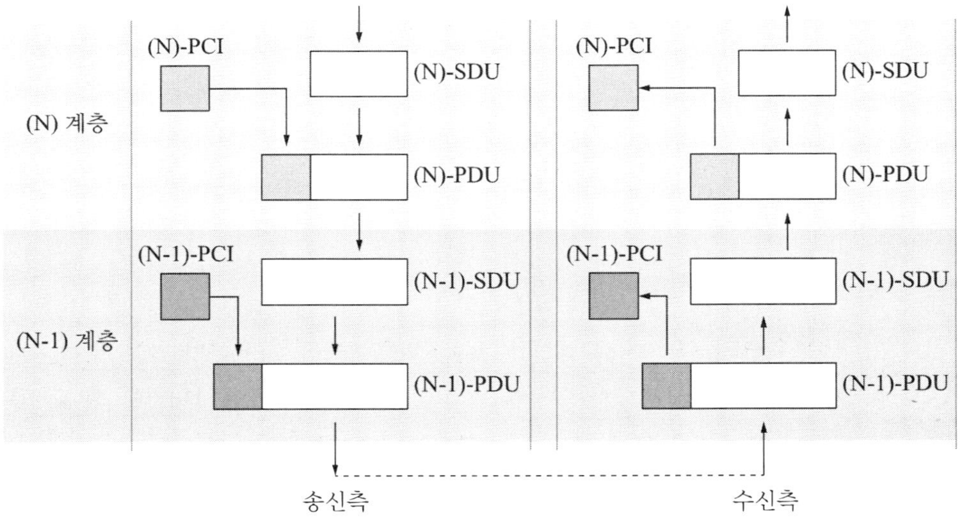


[그림 5.15] 데이터 단위

데이터 단위를 SDU(Service Data Unit)라고 한다.
(N)-SDU는 (N+1) 개체 상호간의 전송 데이터 단위를 (N)서비스 관점에서 본 것

이고 (N)-PDU는 (N) 개체 상호간에 전송되는 데이터 단위를 (N) 프로토콜 관점에서 본 것으로, (N) 프로토콜 정보와 (N) 이용자 데이터를 합친 것이다. SDU와 PDU는 일대일 대응되며 분할/조립 등으로 해당계층의 데이터 단위를 생성 또는 해석한다.

### 3.5.5 단편화(fragmentation)/재합성(reassembly)

단편화란 높은 레벨의 연속단위를 낮은 레벨에서 같은 크기의 작은 블럭으로 잘라내는 기능이다. 단편화는 첫째, PDU 크기가 작으면 개수가 많아지므로, 일정량의 제어정보가 많이 필요하다. 둘째, PDU가 도착하면 일반적으로, 시스템 상에 인터럽트가 발생하는데, 크기가 작으면 많은 수의 PDU가 생성되므로, 빈번한 인터럽트를 유발한다. 셋째, PCI에 대한 처리시간이 오래 걸린다는 단점을 갖는다.
재합성은 단편화된 데이터가 상위 응용레벨에 적합한 메시지로 합성되는 행위이다. 이때, 주의할 것은 패킷교환망(Packet switched network)에서 순서제어 문제가 발생한다는 점이다.

### 3.5.6 헤더 씌우기(Encapsulation)

데이터에 각 계층의 제어정보를 덧붙이는 행위로 프로토콜 제어정보인 (N)-PCI (Protocol Control Information)와 SDU로 구성된다. 프로토콜 제어 정보(PCI)의 범주는 다음과 같다.

가. 주소(Address)
   발송지(근원지), 목적지의 주소가 명시된다.
나. 에러 검출 코드(Error Detecting Code)
   에러를 검출하기 위하여 프레임을 검사하는 정보이다.
다. 프로토콜제어(Protocol Control)
   프로토콜 기능을 구현하기 위한 별도의 정보이다.

### 3.5.7 Address

네트웍에 접속되어 있는 시스템들은 대부분 Network Layer간 통신을 위해 대부분 Network Address와 Node Address를 가지며 이들이 경로결정에 미치는 영향은 전송매체에 따라 다르다. Frame Relay 네트웍이나 ATM 네트웍에서는 packet의 Network Address와 Node Address를 모두 보고 교환기(이하 라우터)가 시스템과 시스템올 직접 연결시켜 준다. 그러나 TCP/IP 네트웍에서는 라우터가 시스템과 시스템을 연결해 주는 것이 아니라 네트웍과 네트웍을 연결시킨다. 즉 라우터는 Network Address만을 보고 packet올 해당 네트웍으로 전달하는 것이 됨으로 라우터 측면에서 보면 Node Address는 전혀 무의미한 것이다.

Address의 형태는 Network Layer의 Protocol에 따라 다양하여 LAN에서는 Data Link Layer간 통신을 위해 MAC Address를 가진다. [표 5.3]은 IP Address의 길이이다.

▼ 표 5.3 IP Address 길이

| | Address | |
|---|---|---|
| | Network Address | Node Address |
| IPX | 32 bit | 48 bit |
| IP | 8 bit | 24 bit |
| | 16 bit | 16 bit |
| | 24 bit | 8 bit |
| AppleTalk | 16 bit | 8 bit |

# 5 연습문제

**문제 5-1** 통신대화 방식에 대하여 실제 예를 들어 설명하시오.

**문제 5-2** Routing에서의 Network를 설명하시오.

**문제 5-3** 회선교환방식과 패킷교환방식에 비교 설명하시오.

**문제 5-4** OSI참조모델에서 상위계층 4가지에 대하여 설명하시오.

**문제 5-5** 수신기의 통신에서 데이터 다중통신의 순서를 알아보시오.

**문제 5-6** 프로토콜 중 TCP와 UDP의 차이점을 설명하시오.

**문제 5-7** 프로토콜 제어정보(Protocol Control Information)의 범주는 무엇인가?

Chapter 6

# 소방경보시스템의 통신과 Network 실제

# 1 소방경보시스템의 통신

## 1.1 중계기의 통신

중계기는 감지기 또는 발신기에 의한 화재신호를 수신기로 전송하는 것은 물론 소화설비, 제연설비 등에 제어신호를 발신한다. 중계기는 감지기 및 발신기와 수신기 사이에 설치하고 있다. R형 수신기가 설치된 건축물의 자동화재탐지설비는 대부분 이에 해당하나 P형 수신기도 감지기 및 관련설비의 회로수가 많으면 중계기를 사용하고 있다. 중계기는 단순히 수신기에 대한 신호변환의 역할만 하는 게 아니라 다른 설비에 화재신호를 전달하는 기능을 갖지만 수신기와의 전송회로 이상시 독자적으로 화재를 감시, 제어할 수 있는 기능을 갖는 것도 있다.

## 1.2 수신기의 통신

수신기는 다중화장치를 이용하여 하나의 회선 또는 전송로로 분할한 다음 다중통신로를 설정하여 다수의 신호를 동시에 송수신하는 통신방식을 사용하고 있다. 이에는 다음의 종류가 있다.

### 1.2.1 주파수분할 다중통신

원래 변조신호의 주파수 스펙트럼을 변화시키지 않고 그 주파수만을 일정한 값만큼 변위시켜 전송하는 방식으로 여러 개의 음성통화를 각각 주파수가 다른 반송파를 사용하여 변조하여 각각 다른 주파수의 신호로 변환한다. 변환된 신호를 하나의 전송로에 송신하여도 수신측에서는 각기 필요로 하는 주파수 대역만을 선별하고, 이를 복조하여 신호를 전송한다. 이 통신은 전화회선을 다중화하기 위해 개발한 것으로서 교류전송에서 고속 데이터 전송을 가능하게 한 것이다.

### 1.2.2 시분할 다중통신

펄스를 사용하여 많은 전송로를 얻는 방법으로 다중신호를 변조시켜 사용한다. 디지털 신호를 전송하는데 적합한 방식으로 데이터의 다중신호는 펄스 모양이기 때문에 끊기게 되지만 시간적으로는 매우 짧아 실용상 지장은 없다. 일렬로 정렬된 신호를 송·수신에 편리한 형태로 변조하는 방법에 따라 다음과 같이 분류한다.

- PAM : PULSE AMPLITUDE MODULATION
- PDM : PULSE DURATIPN MODULATION
- PCM : PULSE CODE MODULATION
- FM : FREQUENCY MODULATION
- PPM : PULSE POSITION MODULATION
- MRZ : NON-RETURN TO ZERO
- RZ : RETURN TO ZERO
- FSK : FREQUENCY SHIFT KEYING
- PSK : PHASE SHIFT KEYING

### 1.2.3 데이터 다중통신

시분할 다중통신하나이다. 이는 서로 떨어져 있는 다수의 컴퓨터를 하나의 고속도 펄스 전송회선으로 접속하고 각 장소에 있는 변복조기가 펄스가 없는 시간을 선택하여 행선지도 펄스부호화하여 데이터와 함께 송출하고 자신에게 오는 데이터만을 수신부호로 해독하여 수신하는 방식이다.

### 1.2.4 기타의 통신방식

TV방송에서는 두 가지 음성에 대해 부반송파를 이용하여 이중 변조시킨 다음 스테레오방송 외의 음성다중화를 하고 있다. 또한 영상신호가 없는 기간에 시분할로 다른 많은 종류의 정보를 방송하며 수신측에서는 목적한 것만을 선택하여 문자로 수상하는 문자방송도 하고 있다. 이와 같이 전파공간이 넓은 주파수 대역을 공유하는 다중통신 방식이다.

## 1.3 수신기와 통신기기 접속

### 1.3.1 수신기 통신출력과 REM 접속

수신기의 통신출력과 REM(Remote Environment Module)의 입출력단자를 접속하면 통신이 이루어진다. 그러면 수신기에서 생성된 통신 패킷을 REM의 입력으로 수신하여 REM에서 신호를 변환한 다음 TCP/IP의 통신망(Network)으로 전송된다.

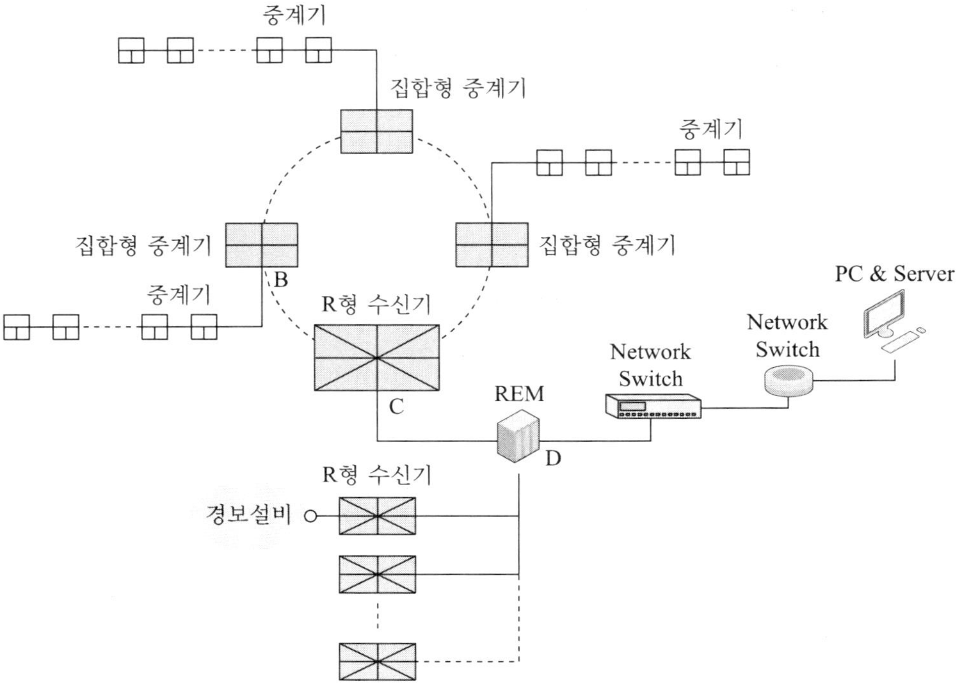


[그림 6.1] 수신기와 REM 접속

[그림 6.2]는 수신기-중계기(아날로그감지기) 통신 Packet 예시이다.

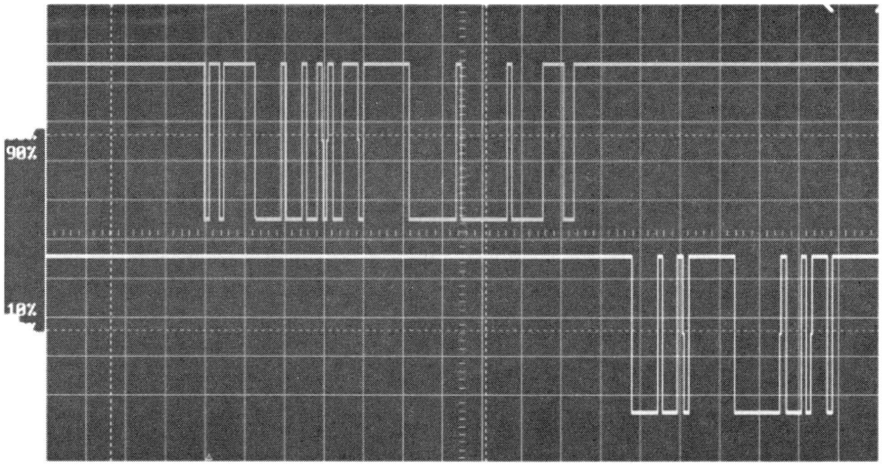


[그림 6.2] 수신기-중계기(아날로그감지기) 통신 Packet

[그림 6.3]은 수신기~수신기, 수신기~중계반등에서의 685 통신파형 예이다.

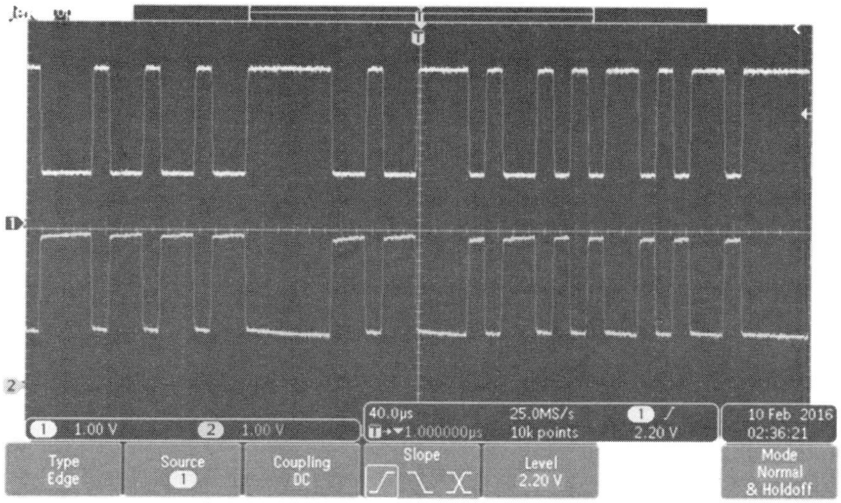


[그림 6.3] 수신기~수신기, 수신기~중계반 등에서의 685 통신파형

1. MUX-GRAPHICS가 설치된 PC는 수신가와 내부 네트워크를 통해 이더넷 통신을 하며 데이터를 주고받는다.
2. 수신가 내부 네트워크에 외부로 수신기의 데이터를 주고받으려면 추가 이더넷 포트가 필요하다.
3. MUX-GRAPHICS가 설치된 PC에서는 프로그램에서 발생되는 이벤트 데이터를 일정한 프로토콜에 의해서 외부로 제공한다.
4. TCP 통신을 하며 여러 개의 클라이언트가 접속할 수 있다.
5. MUX-GRAPHICS 서버 포트는 4378이다.
6. 이벤트가 없을 경우에는 5초 간격으로 alive 신호를 보냄–문자열 'A'만 보낸다.
7. 아래의 경우에는 모든 상태를 클리어 해야 한다.
   - NMux1 : LType이 5이고 디바이스 명칭에 "화재 복구"라는 문구가 있을 경우
   - NMux2 : LType가 10인 경우

Mux Graphics NMux1 또는 NMux2에서 전달되는 프로토콜은 [표 6.1]과 같고 프로토콜은 72 bytes로 구성되어 있다.

▼ 표 6.1 Mux Graphics NMux1 또는 NMux2 전달 프로토콜

| 명칭 | 크기(byte) | Data Type | 설명 |
|---|---|---|---|
| Start | 1 | Char | 문자열 'A' |
| LType | 1 | Unsigned Char | 이벤트 종류 |
| LOG_MAX_DATETIME | 6 | Unsigned Char | 이벤트 발생시간 |
| LOn | 1 | Unsigned Char | 동작 유무(숫자) |
| PANEL | 2 | Char | 수신기 번호 |
| LOG_MAX_MAPADDR | 8 | Char | 주소 |
| LOG_MAX_AREA | 21 | Char | 구역 |
| LOG_MAX_DEVICE | 23 | Char | 장치 |
| LOG_MAX_RUNNING | 9 | Char | 동작 문자열 |

Mux Graphics NMux1 또는 NMux2에서 전달되는 프로토콜인 [표 6.1]을 차례대로 설명하면 다음과 같다.

1. 시작

| 명칭 | 크기(byte) | 설명 |
|---|---|---|
| Start | 1 | 문자열 `A' |

Start 문자열 `A' 프로토콜의 시작이다.

2. LType 종류

| 명칭 | 크기(byte) | 설명 |
|---|---|---|
| LType | 1 | 종류 |

```
LOG_TYPE_NONE          = 0     // 기록 구분 없음
LOG_TYPE_FIRE          = 1     // 화재 기록(현재는 사용하지 않는다.)
LOG_TYPE_FAIL          = 2     // 고장 기록
LOG_TYPE_IN            = 3     // 설비 입력 기록
LOG_TYPE_OUT           = 4     // 설비 출력 기록
LOG_TYPE_OP            = 5     // 운영 기록
LOG_TYPE_FIRED         = 6     // 실제 화재 기록
LOG_TYPE_ACC           = 7     // 축적 기록
LOG_TYPE_AIWARING      = 8     // 아날로그 경고 기록
LOG_TYPE_FIRED_ALARM   = 9     // 과거 화재경보 기록
LOG_TYPE_RECOVERY      = 10    // 화재 복구
```

3. 시간

| 명칭 | 크기(byte) | 설명 |
|---|---|---|
| LOG_MAX_DATETIME | 6 | 시간 |

## 4. 설명

앞에서부터 [년, 월, 일, 시, 분, 초] 순서대로 되어있다.

| | | |
|---|---|---|
| 년 | byte → int | int 값 2000 을 더해줍니다. |
| 월 | byte → int | |
| 일 | byte → int | |
| 시 | byte → int | |
| 분 | byte → int | |
| 초 | byte → int | |

## 5. 동작

| 명칭 | 크기(byte) | 설명 |
|---|---|---|
| LOn | 1 | 동작유무 |

data　　byte → int　1이면 `동작'
　　　　　　　　　0이면 `해제'

## 6. 수신기 번호

| 명칭 | 크기(byte) | 설명 |
|---|---|---|
| PANEL | 2 | 수신기 번호 |

data　　byte → 문자열　　문자열로 변환하면 수신기 번호가 된다.
예) 나온 값 → 수신기 번호
01 → 수신기 1
02 → 수신기 2

## 7. 주소(Address)

| 명칭 | 크기(byte) | 설명 |
|---|---|---|
| LOG_MAX_MAPADDR | 8 | 주소 |

숫자로 이루어진 주소번호이다. 앞에서부터 중계반, Loop, 중계기, 회로번호, 빈칸 순으로 되어있다.

| | | | |
|---|---|---|---|
| 중계반 | 2 byte | byte → int | 값 0~15 |
| Loop | 1 byte | byte → int | 값 0, 1 |
| 중계기 | 3 byte | byte → int | 값 0~127 |
| 회로번호 | 1 byte | byte → int | 값 0, 1 |
| 빈칸 | 1 byte | byte → int | |

8. 구역

| 명칭 | 크기(byte) | 설명 |
|---|---|---|
| LOG_MAX_AREA | 21 | 구역 |

구역명칭을 나타낸다.
data byte → 문자열 EUC-KR 방식으로 인코딩한다.

예로 byte 중에 0×00 이 나올 경우 그 뒤에는 Dummy 데이터이므로 버린다. 앞 부분인 1~9번째 데이터를 EUC-KR 인코딩방식으로 한글로 변환하면 된다.
아래의 데이터를 변환하면 `6F발신기'라고 나온다.

| 1 | 2 | 3 | 4 | 5 | 6 | 7 | 8 | 9 | 10 | 11 | …12 | … |
|---|---|---|---|---|---|---|---|---|---|---|---|---|
| 0×36 | 0×46 | 0×20 | 0×B9 | 0×DF | 0×BD | 0×C5 | 0×B1 | 0×E2 | 0×00 | 0×0A | 0×08 | … |

9. 장치

| 명칭 | 크기(byte) | 설명 |
|---|---|---|
| LOG_MAX_DEVICE | 23 | 장치 |

장치명칭을 나타낸다.
data byte → 문자열 EUC-KR 방식으로 인코딩한다.

예로 byte 중에 0×00 이 나올 경우 그 뒤에는 Dummy 데이터이므로 버린다. 앞 부분인 1~6번째 데이터를 EUC-KR 인코딩방식으로 한글로 변환하면 된다.
아래의 데이터를 변환하면 `발신기'라고 나온다.

| 1 | 2 | 3 | 4 | 5 | 6 | 7 | 8 | 9 | 10 | 11 | …12 | … |
|---|---|---|---|---|---|---|---|---|---|---|---|---|
| 0×B9 | 0×DF | 0×BD | 0×C5 | 0×B1 | 0×E2 | 0×00 | 0×00 | 0×00 | 0×00 | 0×00 | 0×02 | … |

10. 작동

| 명칭 | 크기(byte) | 설명 |
|---|---|---|
| LOG_MAX_RUNNING | 9 | 작동 |

작동명칭을 나타낸다.
data byte → 문자열 EUC-KR 방식으로 인코딩한다.

예로 byte 중에 0×00 이 나올 경우 그 뒤에는 Dummy 데이터이므로 버린다. 앞 부분인 1~4번째 데이터를 EUC-KR 인코딩방식으로 한글로 변환하면 된다.
아래의 데이터를 변환하면 `동작'이라고 나온다.

| 1 | 2 | 3 | 4 | 5 | 6 | 7 | 8 | 9 |
|---|---|---|---|---|---|---|---|---|
| 0×B5 | 0×BF | 0×CO | 0×DB | 0×00 | 0×50 | 0×DC | 0×43 | 0×00 |

### 1.3.2 REM의 TCP/IP 접속

[그림 6.4]는 [그림 6.1]의 수신기와 REM 사이인 D점에서의 출력으로 나타나는 예이다. REM에서의 출력은 각각의 주소를 가지는 수신기의 Data는 TCP/IP를 이용하여 Network Switch의 Routing과정을 거쳐 필요한 서버 및 데이터베이스 장비에 저장된다. 이를 일정한 규칙과 값으로 정리하고 수치화하여 Graph 및 각종

신호, 이상현상에 대한 표시값으로 나타낸다.

```
41060C041A112D0E00303130313030303131004235442D4EB5BFC0FC00000000000000000000
0000502E414C2E444554000000000000000000000000000000C7D800000000000000
```

| 명칭 | byte | HEX값 | 변환값 | 비고 |
|---|---|---|---|---|
| Start | 1 | 41 | A | 문자열 |
| LType | 1 | 06 | 6 | 숫자 |
| LOG_MAX_DATETIME | 6 | 0C 04 1A 11 2D 0E | 12 4 26 17 45 14 | 숫자 |
| LOn | 1 | 00 | 0 | 숫자 |
| PANEL | 2 | 30 31 | 0 1 | 문자열 |
| LOG_MAX_MAPADDR | 8 | 30 31 30 30 30 31 31 00 | 0 1 0 0 0 1 1 0 | 문자열<br>맨끝 빨간색0은 무시 |
| LOG_MAX_AREA | 21 | 42 35 44 2D 4E B5 BF C0 FC 00 00 00 00 00 00 00 00 00 00 00 00 | B5D-N동전 | 문자열(euc-kr) |
| LOG_MAX_DEVICE | 23 | 50 2E 41 4C 2E 44 45 54 00 00 00 00 00 00 00 00 00 00 00 00 00 00 00 | P.AL.DET | 문자열(euc-kr) |
| LOG_MAX_RUNNING | 9 | C7 D8 00 00 00 00 00 00 00 | 해 | 문자열(euc-kr) |

[그림 6.4] 수신기와 REM사이의 패킷 예

### 1.3.3 광대역(Wan)통신

[그림 6.5]는 소방경보시스템 Network을 통신 Network인 PSTN, ISDN, ISP, 해외 Web 등의 통신회선을 통하여 광대역으로 구성하는 예를 보인 것이다.

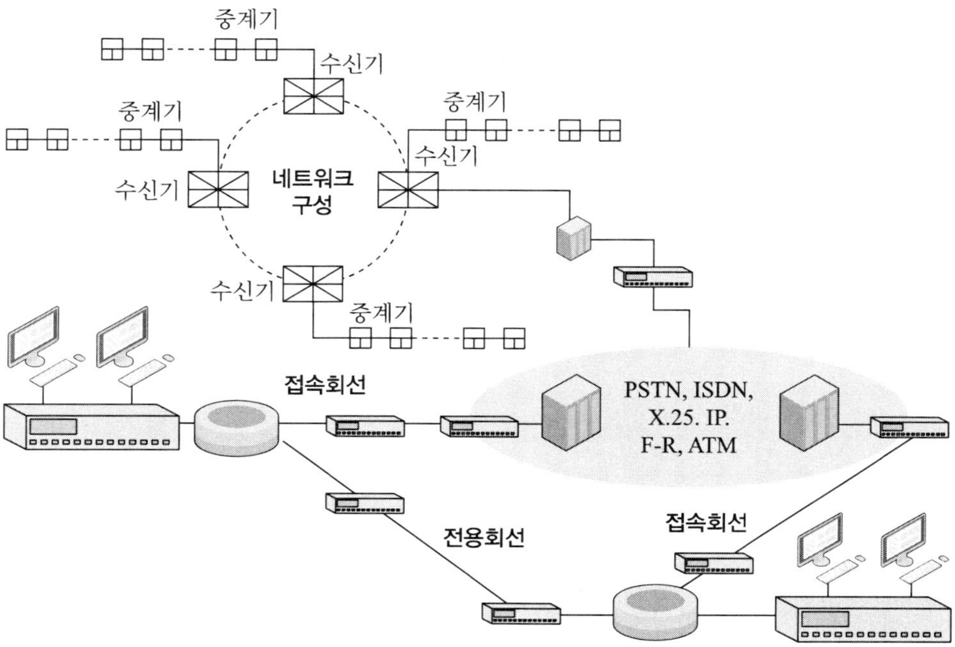


[그림 6.5] 광대역(Wan)통신

# 2 Network의 실제

Network에 대해서는 인천국제공항의 화재경보시스템을 예로 든다.
시스템은 II CS Backbone Network을 기본으로 공항전체 통합 감시 및 지휘, 지령과 감시 및 소화활동, 해당지역감시 및 소화활동, 화재경보시스템과의 정보교환 등 4개 부분으로 분류하고 있다
시스템은 방재센터(FCC), R형 주수신기(FACP), 지역수신기(SCP), 전원 중계반, 아날로그 감지기 등으로 구성되고 있으며 이들은 II CS기간망을 통하여 종합정보통신시스템과 연계된 하부시스템과 접속되고 있다.

## 2.1 권역방재센터 Network

인천국제공항은 여객터미널 권역, 주변전소 A권역, 주변전소 B권역 등 3개 권역으로 분류하여 권역마다 방재센터를 설치하여 화재경보시스템을 운영할 수 있게 하고 있다. 권역방재센터에서는 해당권역에 대한 화재감시, 동작상황 기록유지, 시스템제어기능 및 해당관리지역 소방펌프의 감시 및 제어를 행할 수 있게 하고 있다.
[그림 6.6]은 권역별로 구성된 Network이다.

## 2.2 감시방재센터 Network

3개 권역방재센터는 권역으로 구성된 영역내의 모든 화재경보를 II CS기간망을 통해 소방대본부 감시방재센터와 소방대분소의 감시방재센터로 송신하는 역할을 한다. 따라서 제어명령 기능이 없는 감시전용 방재센터이다. [그림 6.7]은 권역방재센터와 감시방재센터사이에 구성된 Network이다. 각 권역방재센터는 II CS기간망에 고장이나 이상이 발생되면 전화선과 연결된 자체의 모뎀장치를 통하여 소방대본부 및 분소의 감시방재센터와 화재 Data를 전송하는 이중적 기능의 통합감시체제로 되어 있다.
아울러 소방대본부 및 분소에 설치되는 감시방재센터는 II CS기간망을 통해 각

각 공항전체 화재경보시스템과 공항건물을 감시할 수 있도록 하고 있다.

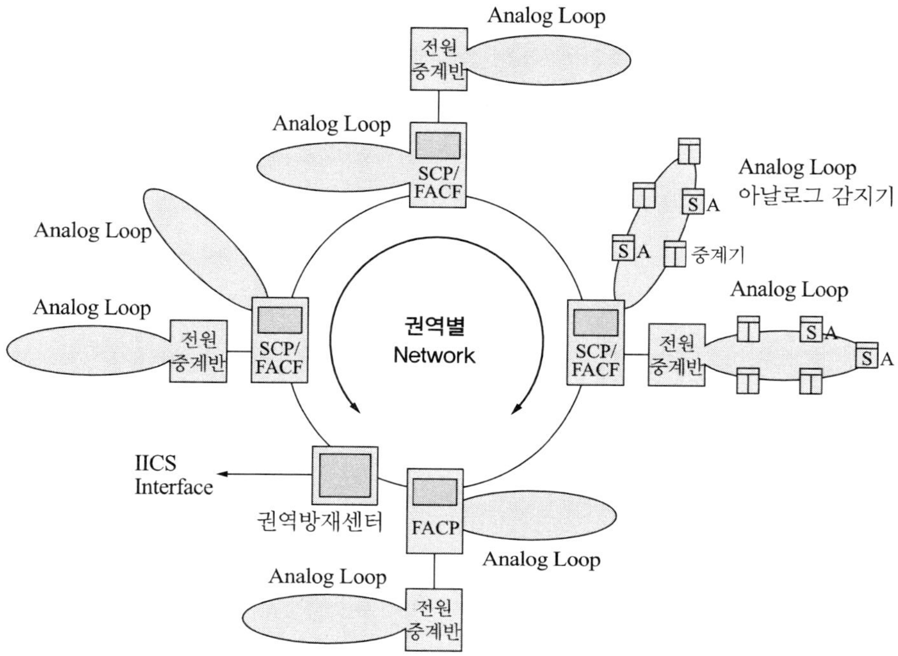


[그림 6.6] 권역별로 구성된 Network

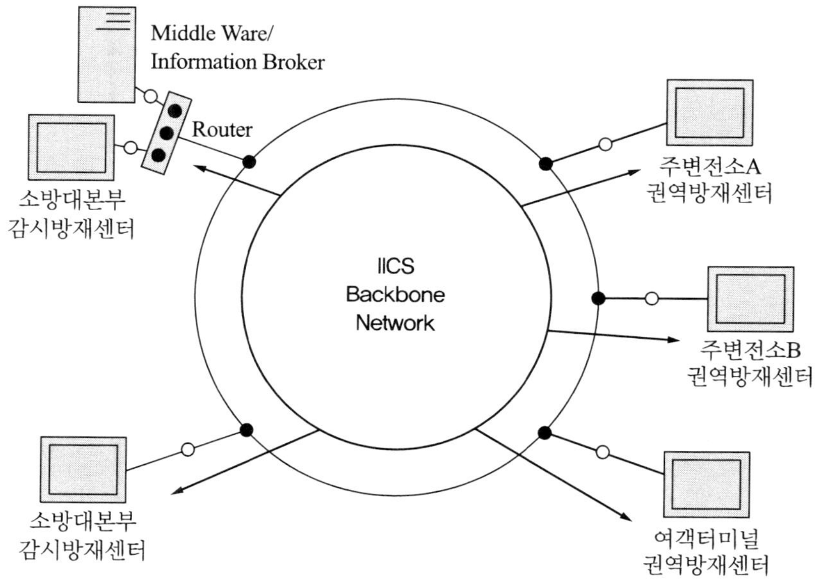


[그림 6.7] 권역방재센터와 감시방재센터사이 구성Network

## 2.3 AICC Middle Ware와의 접속

AICC Middle Ware와 정보를 주고받기 위하여 소방대본부의 감시방재센터에 별도의 Middle Ware를 설치하고 있다. 따라서 소방대본부의 Middle Ware는 공항 전체의 화재관련 보를 II CS기간망을 통하여 AICC Middle Ware로 송신하여 AICC 위기관리센터(ACMC)의 공항종합관리시스템(AIMS)단말에서 공항전체의 화재경보를 감시할 수 있다. 이때 화재경보시스템의 정보뿐만 아니라 II CS의 하부시스템의 관련정보도 교환할 수 있어야 하며 이 정보를 관련 권역정보센터로 전송함으로써 종합정보통신시스템과 논리적, 물리적 통합을 이루도록 해야 한다. [그림 6.8]은 AICC Middle Ware와의 접속도이다.

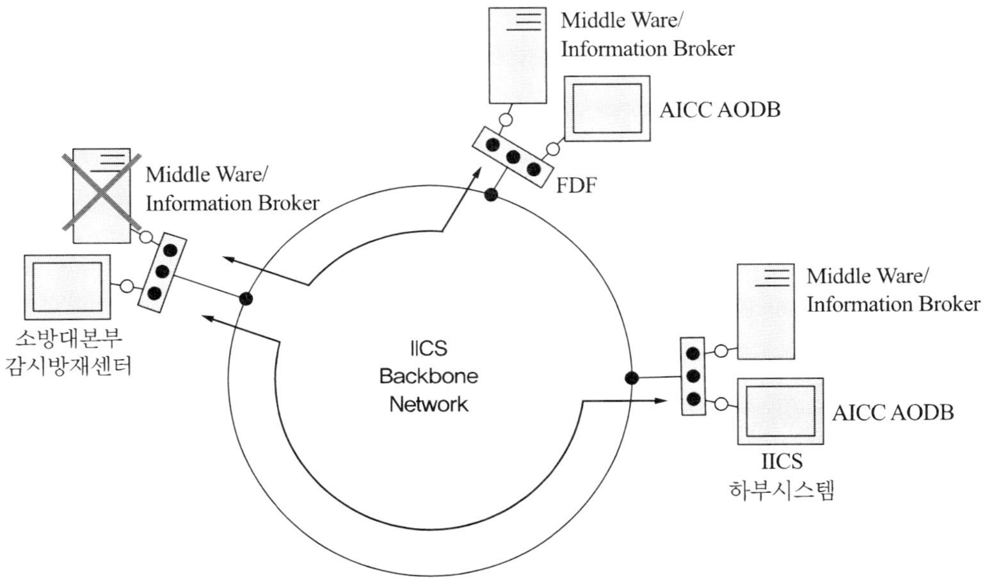


[그림 6.8] AICC Middle Ware와의 접속도

## 2.4 자동화재탐지설비 Network

1대의 R형 주수신기(FACP) 혹은 지역수신기(SCP)는 최대 3,000개의 고유번호를 가진 기기를 수용할 수 있을 뿐만 아니라 전원중계반은 최대 31대까지 접속이 가능하다. 또한 수신기 1대(Node)에는 최대 10개의 아날로그 Loor을 수용할 수 있으며 각 아날로그는 60개의 어드레스 기기를 접속할 수 있다. 따라서 1개의

Node에는 최대 600개의 어드레스 기기를 수용할 수 있다.

이와 같은 성능을 가진 자동화재탐지설비는 설치장소의 특성별로 구분하여 설치되며 관련규정에 부합되어야 하는 것은 자명하다.

즉, 여객터미널은 R형 주수신기(FACP) 및 지역수신기(SCP)와 전원중계반을 설치하고 화재감지를 위해 아날로그 감지기를 설치한다. 그러나 층고가 높은 지역은 광전식분리형감지기를 설치하고 있다. 부대건축물중 소규모의 건축물들에는 P형 수신기를 설치하되 대부분은 R형 주수신기(FACP) 및 중계기를 설치하고 아날로그 감지기를 설치하고 있으나 일부P형 수신기를 설치한 장소에는 일반형감지기를 설치하도록 하고 있다.

지하 공동구에는 R형 주수신기(FACP) 및 지역수신기(SCP)와 중계기를 설치하고 정온식 감지선형 감지기를 설치하고 있다. 이와 비슷한 지하차도는 발신기, 경종 및 중계기를 설치하되 일부 지역에는 감지기를 설치하고 있다. [그림 6.9]는 자동화재탐지설비의 접속도이다.

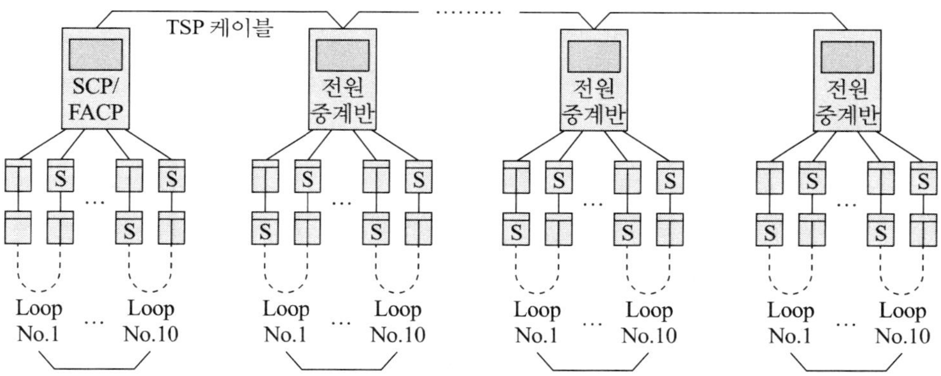


[그림 6.9] 자동화재탐지설비의 접속도

### 2.4.1 Interface

(1) 방재관련 설비와의 Interface

통상 화재경보시스템과 방재와 관련된 다른 설비의 Interface는 설치기기간 전기적으로 직접배선하여 접속한다. 그러나 공항과 같은 초대형건축물에 속하는 것은 많은 사람들의 입출입이 행하여 질뿐만 아니라 국내외 중요한 인사들이 출입하게 됨으로 경비보안에 직접적으로 관련될 수 있도록 Interface가 이루어져야 한다. [표 6.2]는 화재경보시스템과의 인터페이스를 나타낸 것이다.

▼ 표 6.2 화재경보시스템과의 인터페이스

| 인터페이스 | 시스템 | 접속방법 |
|---|---|---|
| 방재관련시스템 | 안내방송시스템 | 해당 수신기와 Hardware접속 |
| | 건축방화시설 | |
| | 공조, 배연설비 | |
| | 수하물처리시설 | |
| | 경비보안시설 | |
| | 승강시설 및 자동보도시설 | |
| | 화재진압시스템 | |
| | 유도설비 | |
| 하부시스템 | 건물자동화시스템 | 소방감시 방재센터의 Middle Ware와 접속 |
| | 수하물처리시설 | |
| | 경비보안시설 | |
| | 무인자동여객시설 | |
| | 종합정보통신시스템 | |
| | CCTV시설 | |

(2) 권역방재센터 및 II CS경유시 Interface

감지기에서 화재를 감지하면 수신기 및 방재센터에 1단계 경보를 전송한다. 이때 일반형 감지기는 화재감지와 동시에 신호를 전송하고 아날로그 감지기는 2단계의 경보에서 신호를 전송한다. 또한 발신기 및 스프링클러 유수검지장치등의 2단계 기동장치회로 동작시에는 수신기의 경보지역 및 인접지역에 지구음향장치와 섬광등의 경보신호를 발하게 된다.

이때 권역방재센터는 별도의 통신배선을 통하여 프로토클을 개방한 경비보안시설의 보안문 제어반에 직접 해당 화재신호를 전송하여 관련 보안문을 해제시킨다. 이러한 모든 상황은 권역방재센터에 표시되게 되며 이에 따라 대처하게 된다.

[그림 6.10]은 설비별 인터페이스의 일례이다.

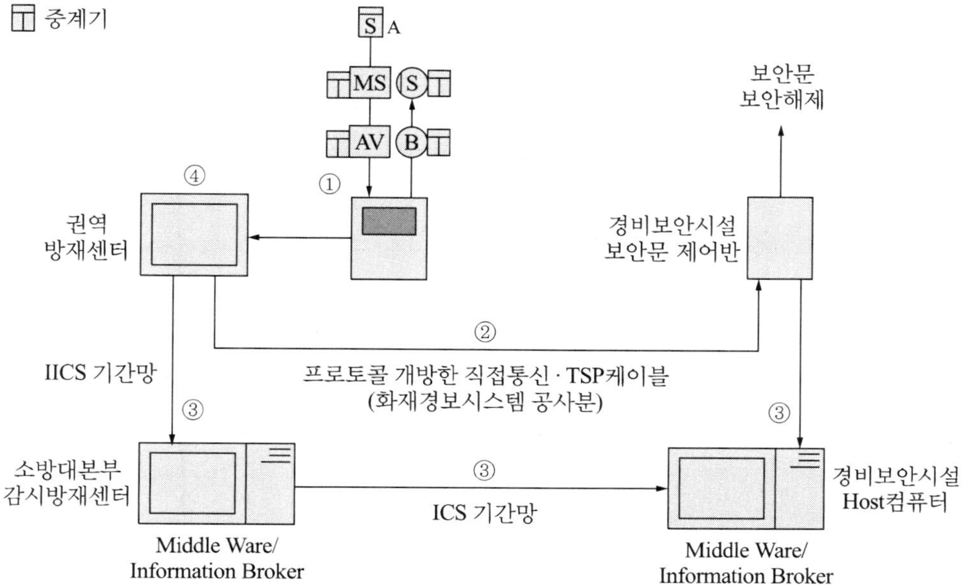


[그림 6.10] 설비별 인터페이스의 일례

(3) Hardware 직접접속

[그림 6.11]은 비상방송설비 제어반을 통한 안내방송 시스템이다. 권역방재시스템의 인터페이스에서와 마찬가지로 감지기에서 화재를 감지하면 수신기 및 방재센터에 1단계 경보를 전송한다. 이때 일반형 감지기는 화재감지와 동시에 신호를 전송하고 아날로그 감지기는 2단계의 경보에서 신호를 전송한다. 또한 발신기 및 스프링클러 유수검지장치등의 2단계 기동장치회로 동작시에는 수신기의 경보지역 및 인접지역에 지구음향장치와 섬광등의 경보신호를 발하게 된다. 이와 동시에 비상방송설비 제어반에 해당 화재지역의 전송하게 되며 이 제어반은 운영방안대로 음성 메세지를 비상방송하게 된다.

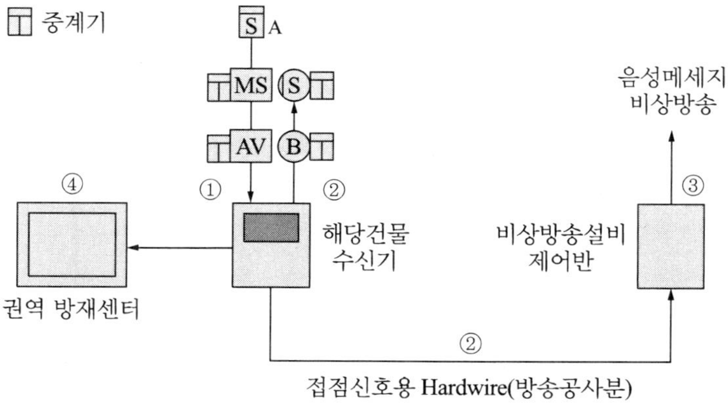


[그림 6.11] 비상방송설비 제어반을 통한 안내방송 시스템

(4) R형 수신반 접속일 경우

[그림 6.12]는 건축물 방화관련시설과의 인터페이스이다. 권역방재시스템 및 Hardware 직접접속에 의한 비상방송설비 제어반을 통한 안내방송 시스템의 인터페이스에서와 마찬가지로 감지기에서 화재를 감지하면 수신기 및 방재센터에 1단계 경보를 전송한다. 이때 일반형 감지기는 화재감지와 동시에 신호를 전송하고 아날로그 감지기는 2단계의 경보에서 신호를 전송한다. 또한 발신기 및 스프링클러 유수검지장치등의 2단계 기동장치회로 동작시에는 수신기의 경보지역 및 인접지역에 지구음향장치와 섬광등의 경보신호를 발하게 된다. 이 신호와 동시에 도어릴리즈, 방화셔터, 배연창을 기동시키게 되며 모든 상황은 권역방재센터에 표시되게 되고 이에 따라 대처하게 된다.

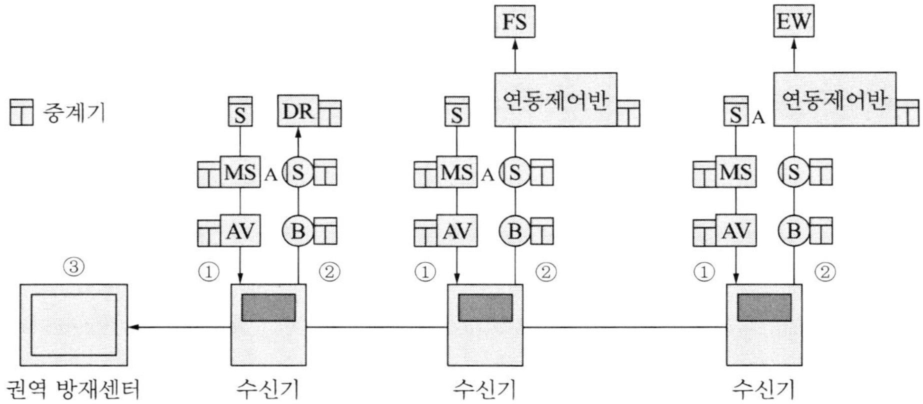


[그림 6.12] 건축물 방화관련시설과의 인터페이스

(5) 화재경보시스템과 직접 인터페이스되는 하부시스템

화재경보시스템과 직접 인터페이스되는 하부시스템은 [표 6.3]과 같다.

▼ 표 6.3 화재경보시스템과 직접 인터페이스되는 하부시스템

| 경비보안 시설 | ⇐ | AD | ⇐ | 방재센터 | 해당화재 신호전송 | | 인터페이스되는 하부시스템 |
|---|---|---|---|---|---|---|---|
| 승강기시설 | ⇐ | Hardware | ⇐ | | R형 수신기 | | 경비보안시설 |
| 방화셔터, 방화문, 배연창 | ⇐ | AD | ⇐ | | R형 수신기 | ⇒ | 건물자동화시설 |
| 수하물처리시설 | ⇐ | AD | ⇐ | | R형 수신기 | | CCTV |
| 비상방송시설 | ⇐ | Hardware | ⇐ | | R형 수신기 | | 방화셔터 제어장치 |
| 공조설비, 급배기 팬 | ⇐ | AD | ⇐ | | R형 수신기 | | 자동보도시설 |
| 소화설비 | ⇐ | AD | ⇐ | | R형 수신기 | | 자동여객 수송시설 |

### 2.4.2 Software

Software는 MS Window NT 운영체제를 기본으로 II CS Interface Software를 소방법규 및 NFPA 72에 의거하여 구축하고 있다. 이때 종합정보통신 시스템의 논리적 인터페이스 요구사항을 충족시켜야 할 뿐만 아니라 다른 관련시스템과의 연동을 제한 없이 수용할 수 있어야 한다. 물론 정보의 처리속도나 용량이 충분하여야 하고 정보의 충돌이 있어서는 안된다.
이때 모니터에 나타나는 기능으로는 동작화면, 기기화면, 기록화면, 통신화면이 나타난다. 이들을 나타낸 것이 [표 6.4]이다.

▼ 표 6.4 소프트웨어 기능표시

- **동작화면**
  - 작동화면표시
    - 상황상세
    - 상황위치
    - 상황목록
    - 상태보기
  - 화재경보다음조치
    - 경보인지
    - 상세정보 Zoom
    - 특별지침
    - 청각경보
    - 경보 재설정
  - 기타상황
    - 상황인지
    - 전상황보기
  - 제어명령
    - 기기제어
    - 수신기제어
    - Log In-Log Out
- **기기화면**
  - 기기선택창
    - 주소별
    - 기기종류별
    - 위치별
    - 그룹별
    - 화면별
  - 제어명령
    - 기기제어
    - 전체제어
- **기록화면**
  - 선택
    - 등록별 선택
    - 선택취소
    - 세부선택
    - 인쇄
- **통신화면**
  - 통신정보내용
    - 제어명령
    - 인쇄
    - 통신정보

## 2.5 화재경보시스템 Network 배선

배선은 시스템의 신뢰성이나 안정성에 많은 영향을 미치므로 시스템과 잘 조화가 이루어져야 한다.
따라서 중요시설물에는 Loop배선으로 양방향통신이 가능한 Class A배선으로 한쪽 방향선로(Primary Line)에서 고장이 발생하더라도 다른 방향선로(Secondary

Line)의 통신으로 정상적인 동작을 계속할 수 있도록 하고 있다. [그림 6.13]은 Class A배선방식으로 ($a$)는 Style 6을 ($b$)는 Style 7을 나타낸다.

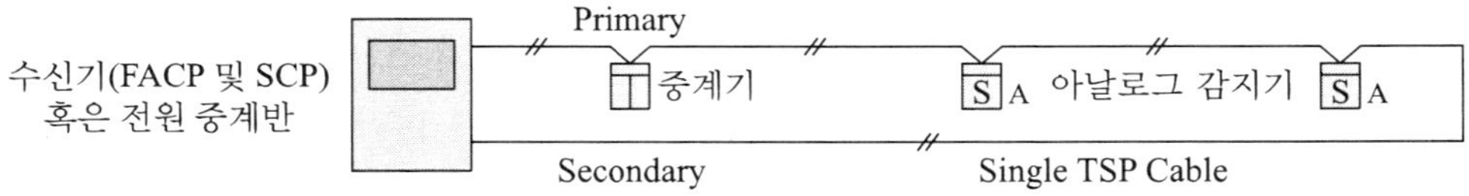


(a) Style 6

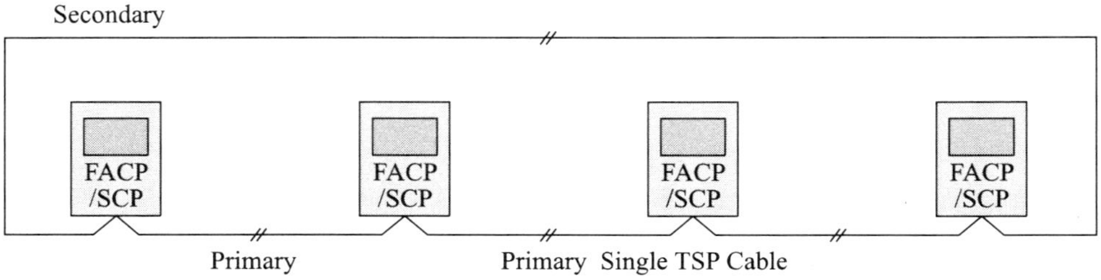


(b) Style 7

[그림 6.13] Class A배선방식

그러나 중요건축물이 아닌 일반 건축물에는 기기 말단까지 배선을 연결하여 한쪽 방향으로만 통신이 가능한 Class B배선을 한다. 이 배선은 고장이 발생되더라도 통신을 계속할 수 없는 단점이 있다. [그림 6.14]는 Class B배선을 나타낸 것으로 Style 4에 해당한다.

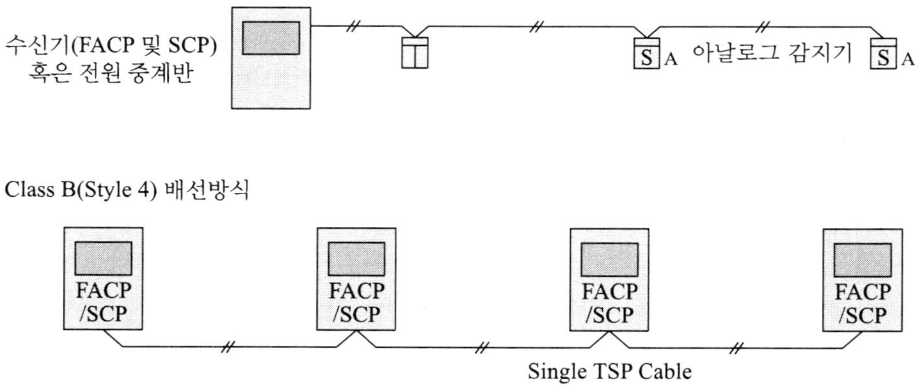


[그림 6.14] Class B배선

## 2.6 신호전송로의 단락시 조치

아날로그 Loop상의 어느 지점에서 단락이 발생하면 신호를 정상적으로 전송할 수 없게 된다. 이를 방지하기 위하여 아날로그 Loop상에 회로 격리기(Line Isolator)를 설치하여 단락구간을 자동차단하여 고장구간 이 외의 구간을 정상적으로 동작하게 한다. [그림 6.15]는 이의 일례를 나타낸다.

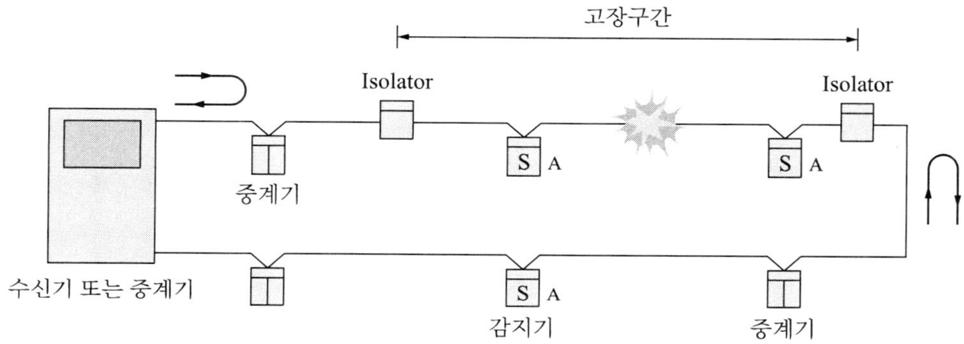


[그림 6.15] 회로 Isolator설치

# 6 연습문제

**문제 6-1** 자동화재탐지설비의 수신기에서 사용하고 있는 PCM변조에 대하여 설명하시오.

**문제 6-2** REM의 TCP/IP 접속에 대하여 설명하시오.

**문제 6-3** 화재경보시스템과 직접 인터페이스 되는 하부시스템에 대한 상호관계를 설명하시오.

**문제 6-4** 화재경보시스템에서 우리나라 감지기 배선방법과 NFPA에서 정하고 있는 배선방법과 비교 설명하시오.

**문제 6-5** 신호전송로 중 아날로그의 Loop상의 어느 지점에서 단락이 발생하면 신호를 정상적으로 전송할 수 없게 된다. 이를 방지하기 위해서 해야 할 방법을 설명하시오.

# Chapter 7
# 보안

1. 보안(Security)의 종류와 구성
2. 보안(Security)시스템별 원리
3. 보안 인증방식의 종류와 보완책

# 1 보안(Security)의 종류와 구성

보안(Security)이란 각종 위해(危害)로부터 개인 또는 단체의 이익이나 생명과 재산 및 정보를 보호하는 것으로 인적보안, 설비보안, 정보보안(Information Security)이 있다.

우리나라에서는 1976년 '용역경비업법'이 제정되면서 시작되었으나 근래 각종 전화금융사기(voice phishing)와 가짜 웹페이지(web falso)로 개인 정보를 훔치는 금융사기 방법인 파밍(Pharming) 등이 출현하고 있어 정보보안의 중요성은 더욱 커지고 있다.

보안(Security)을 위해서는 전담조직과 인력확보가 필요하다. 이를 위해 인력과 예산에 관한 규정을 마련하여야 하고 사고가 발생하는 경우 손해배상책임을 이행하기 위한 보험 등의 공제회 가입, 준비금적립 등 필요한 조치를 마련하여야 한다. 사고의 대응 및 복구에 대한 사항은 상황별대응절차, 비상대응조직의 구성과 운용, 재해복구계획, 위기대응매뉴얼 또는 비상대책수립과 보고에 대한 사항이 필요하다. 또한 보안사고 발생시에는 시스템이나 통신회선 등 장애시보고, 금융사고시 보고와 대응, 이용자 피해시 보고와 대응, 접근매체 사고시 보고와 대응, 전자적 침해행위에 대한 대응, 침해사고시 통지, 침해사고 대응 및 복구 훈련 계획수립과 시행에 대하여 규정되어야 한다.

## 1.1 인적보안

인력은 그 대상이 누구냐에 따라 교육 및 관리방법의 차이가 있다. 일반적으로 인력구분은 채용예정자(신규/경력), 현직원(중요직/일반직), 퇴직자, 외부인, 외국인으로 구분한다.

이들에 대한 자질향상과 예비요원 양성을 위하여 교육프로그램을 운영하여야 하며 임직원에 대해서는 정보보호 강화를 위한 교육프로그램을 개발하고 교육기획의 수립과 평가를 하여야 한다.

예방대책이 필요한 사람들은 다음과 같다.

(1) 신규, 경력직 채용예정자

(2) 현 직원 및 퇴직예정자

(3) 외부인과 외국인

## 1.2 설비보안

[그림 7.1]은 설비에 대한 보안(Security)시스템의 종류와 구성이다.

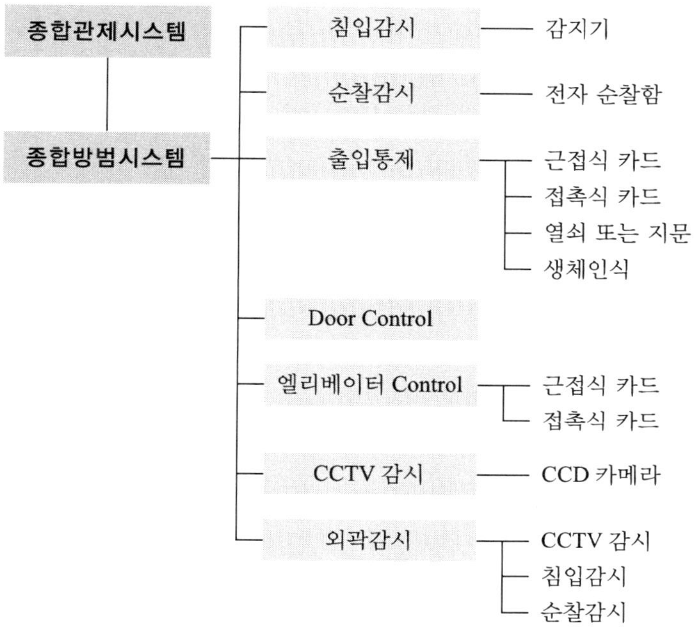


[그림 7.1] 보안(Security)시스템의 종류와 구성

## 1.3 문서 및 정보보안

기록에 대한 기본인 문서 중 중요도가 높은 문서는 기밀로 취급하여 보호되어 열람자나 취급자를 지정하여 보호하고 있다.

### 1.3.1 문서보안

문서보안이란 종이나 서류로 만들어진 중요한 자료를 잘 보관하여 필요시 열람하게 하는 것을 말한다. 개인이나 대상기관이 보유, 관리하고 있는 모든 출력문서, 정책, 지침, 업무관련 문서, 인사기록, 송장, 전자문서 등이 해당되며 우리나라에서는 다음과 같이 분류하고 있다. 비밀 등급의 표시 위치는 문서 전·후면의 표지와 매면 상·하단 중앙에 적색으로 표시하고 대외비인 경우에는 표면의 상단 중앙에 적색으로 표시하되 매 면마다 표시하지는 않으며 보호기간과 보존기간을 명시하여야 한다.

(1) I급 비밀(TOP SECRET) : 누설되는 경우 외교단절 및 전쟁유발, 국가 방위계획·정보활동 및 과학과 기술의 개발을 위태롭게 하는 비밀

(2) II급 비밀(SECRET) : 누설되는 경우 국가안전보장에 막대한 지장을 초래할 우려가 있는 경우

(3) III급 비밀(CONFIDENTIAL) : 누설되는 경우 국가안전보장에 손해를 끼칠 우려가 있는 비밀

(4) 대외비 : 누설되는 경우 행정상 지장을 초래할 우려가 있거나, 직무 수행상 특별히 보호를 요하는 사항

### 1.3.2 정보보안

대상기관이 보유, 관리하고 있는 모든 종류의 정보를 지키는 것으로 금융정보, 세일즈/마케팅정보, 업무관련정보, 조직정보, 개인정보, DB 등이 있으며 정보보안에 대한 구성은 다음과 같다.

(1) 종류

1) 물리보안(physical security) : 접근이 통제되는 문서고, 컴퓨터실
2) 관리보안(administrative security) : 보안정책 수립하며 DB 백업, 네트워크나 시스템 관리, 보안감사 등 보안절차를 관리
3) 컴퓨터 보안(computer security) : 기본서버 시스템 보안, 응용시스템 보안, DB 보안
4) 네트워크 보안(network security) : 근거리통신망(LAN), 원거리통신망(WAN), 국제전화시스템등과 같은 네트워크를 통한 컴퓨터 통신상 보안

(2) 정보보안의 위협

정보보안상 발생되는 사고에 대한 위협으로 보안공격여부에 따라 의도적인 것과 비의도적인 것으로 분류하며, 정보자원의 변경, 훼손 여부에 따라 수동적 위협과 능동적 위협으로 분류한다.

1) 보안공격여부에 따라

가. 의도적인 위협

정보보안에서 발생되는 대부분의 위협이며 조직 내부 또는 네트웍을 통한 보안공격이 해당한다.

나. 비의도적인 위협

사용자나 관리자의 실수, 절차의 오류, 시스템상의 버그 등 의도적이지 않게 발생되는 위협이다.

2) 정보자원의 변경, 훼손 여부에 따라

가. 수동적 위협

컴퓨터시스템, 데이터베이스, 전송정보 등을 변경, 훼손하지는 않으나 어느 특정 컴퓨터에 침입하여 통신 내용의 확인이나 전송정보의 변경, 전송량 분석 등의 불법적 행위를 하는 경우이다.

나. 능동적 위협

컴퓨터시스템, 데이터베이스, 전송정보 등을 의도적으로 변경, 훼손하던지 컴퓨터 바이러스나 악의적인 코드로 컴퓨터시스템의 정상적 작동이나 허가된 당사자가 이용할 수 없게 하는 위협을 말한다. 이를 위해 어느 특정 컴퓨터에 침입하여 통신 내용이나 전송정보를 탈취하며 허가된 권한을 바뀌게 하거나 보관된 데이터를 변경, 삭제하거나 하는 등의 의도적인 불법행위가 많다.

### 1.3.3 Cyber Terror

해킹, 바이러스 유포와 같이 고도의 기술적인 요소가 포함되어 정보통신망 자체에 대한 공격행위를 통해 이루어지는 사이버테러형범죄와 전자상거래 사기, 프로그램 불법복제, 불법사이트 운영, 개인정보침해 등과 같이 사이버공간이 범죄의 수단으로 사용되는 일반사이버범죄가 있다.

더욱 확대되는 경우 정보화 시대에서 발달한 컴퓨터에 의한 가상현실이나 사회안전망과 은행, 기업 또는 국가기관의 정보를 조작하거나 교란시켜 재난을 일으키는 경우도 해당한다. 우리의 일상생활에 필수적인 사회안전망 파괴나 국가 안보와 기능유지를 위한 핵심기반체제 파괴로 분류할 수 있다.

(1) 분류

1) 사회안전망 파괴 : 의료지원시설네트웍, 금융시스템, 군사시스템, 교통신호체계, 전화교환체계, 발전시스템, 정부기관 행정시스템 등 우리의 일상생활과 직결되는 것 들이다.

2) 핵심 기반체계 파괴 : 비상재해체계, 수도 및 연료공급체계, 물류수송체계 등 국가 안보와 기능유지를 위한 것들이다.

(2) 종류

1) 논리폭탄(Logic bomb) : 공격자에 의하여 악성 소프트웨어에 삽입된 코드로 특정 조건이 만족될 때까지 잠복하고 조건이 만족되면 논리 폭탄이 트

리거가 되어 데이터나 파일 전체를 변경시키거나 삭제하여 기계를 다운시키거나 손상을 초래한다.

2) Worm : 독립적으로 실행할 수 있고 목표 시스템에서 소프트웨어의 취약성을 이용하여 네트워크상의 다른 서버에게 자신의 복사본을 전파할 수 있는 컴퓨터 프로그램이다.

3) 트랩도어(trapdoor) : 시스템 보안이 제거된 비밀 통로로, 서비스 기술자나 유지·보수프로그램 작성자의 접근 편의를 위해 시스템 설계자가 일부러 만들어 놓은 시스템의 보안 구멍을 의미한다. 대규모의 응용 프로그램이나 운영체제 개발에서는 코드 도중에 트랩도어라는 중단 부분을 설정해 쉽게 보수할 수 있도록 하고 있다.

4) 트로이 목마(Trojan horse) : 유용한 함수를 갖는 것으로 보이지만 시스템의 합법적인 인증을 이용하여 안전한 기계를 공략하는 숨겨진 악성 함수를 수행하는 컴퓨터 프로그램이다.

5) 해킹 : 전자회로나 컴퓨터의 H/W, S/W, N/W, Web 등 각종 정보 체계가 본래의 설계자나 관리자, 운영자가 의도하지 않은 동작을 일으키도록 하거나 주어진 권한 이상으로 정보를 열람, 복제, 변경 가능하게 하는 행위를 광범위하게 이르는 말이다.

6) AMCW(Autonomous Mobile Cyber Weapons) : 테러용 고급소프트웨어 무기체제로 목표한 대상에 대하여 특정정보 또는 필요한 체계만을 파괴하는 사이버 무기이다.

7) ransomware : Ransom(몸값)과 ware(제품)의 합성어로 사용자 컴퓨터의 화면을 잠그거나 문서 등을 암호화한 후 사용자에게 해독프로그램을 전송해 준다며 금전을 요구한다. 랜섬웨어는 웹사이트를 방문하거나 이메일로 온 첨부문서를 실행한다던가 눈, 웹하드 사이트를 이용시 감염될 수 있다.

(3) 사이버테러의 방지

1) 심리적 방호
2) 정보적 방호
3) 유통체계와 암호화 방호
4) 물리적 방호
5) 기만방호
6) 복구방호
7) 정보대응

(4) 스마트폰 보안

1) 공장초기화

2) 도청애플리케이션
3) 큐싱(Qshing) : QR코드와 피싱(Phishing)의 합성어로 QR코드를 이용한 해킹을 의미한다. 해커가 만든 악성 QR코드를 촬영하도록 유도하여 악성 앱을 내려 받도록 하거나 악성프로그램을 설치하도록 하여 목적을 달성한다.
4) 빌린 전화로 소액결제하기

# 2 보안(Security)시스템별 원리

## 2.1 침입감시시스템(Security Management System)

### 2.1.1 구성 및 기능

(1) 외곽감시용 감지장치
1) 장력감지(Taut Wire Detector)
2) 전자울타리(Electronic Fence Wires)
3) 진동감지(Seismic Detector)
4) 열변화감지(Infrared Motion Detector)
5) 초음파감지(Ultrasonic Detector, Doppler 효과)
6) 극초단파감지기(Microwave Detector)
7) 기타

(2) 내부 감시용 감지장치
1) 자석접점(Magnetic Contact Device)
2) 평형상태(Mercury Switch)
3) 창문파손(Window Shock Sensor)
4) 음향감지(Audio Detector)
5) 진동(Vibration Detector)
6) 기타

### 2.1.2 감지장치들의 적용

[표 7.1]은 감지장치별 적용위치이다.

▼ 표 7.1 감지장치별 적용위치

| 구 분 | 적용 위치 |
|---|---|
| 개폐감지기 | 출입문, 비상계단실문, 창문, EPS실 |
| 적외선 감지기 | 복도, 주출입구, 외곽 울타리(Fence), 엘리베이터홀 |
| 열선 감지기 | 로비, 사무실, 금고, 통제구역, 엘리베이터홀 |
| 유리창파손 감지기 | 1층 유리창, 전산실, 통신기기실, 은행 |
| 초음파 감지기 | 금고, 서고, 문서고, 무기고 |
| 마이크로웨이브 감지기 | 외곽 울타리(Fence) |
| 비상 스위치 | 은행, 창고, 수납창고, 무기고 |

## 2.2 순찰감시시스템(Patrol Tour Supervision System)

순찰감시시스템은 다음의 2가지 방식이 있다.

### 2.2.1 전자식 순찰방식

(1) 전자식 순찰함
(2) Key홀더
(3) 순찰키
(4) 휴대용 구내전화
(5) 수신반 PC
(6) 원격제어 조작반

### 2.2.2 Wireless 순찰방식

(1) 순찰역
(2) 휴대용 순찰기록지
(3) 중앙처리장치/프린터
(4) 충전기

## 2.3 출입통제시스템(Access Control System)

기계적 자물쇠장치 대신 전자회로장치를 이용하여 보완한 것이 전자출입통제시스템이다. 이 시스템은 출입자의 인적사항, 출입시간, 출입장소 등을 중앙통합관제실의 컴퓨터에 자동으로 기록하며 통제할 수 있다.
출입통제시스템에는 카드 및 카드판독기의 응용이나 생체인식(Biome trics) 기술 등 여러 가지 방식이 있다.
근래 많이 호응 받고 있는 생체인식 기술은 '지문, 홍채, 망막, 정맥, 손금, 얼굴' 등 신체 일부의 고유한 특성을 판별하여 본인 여부를 인증하는 기술이다.
[그림 7.2]는 출입통제시스템의 통제 흐름도이다.

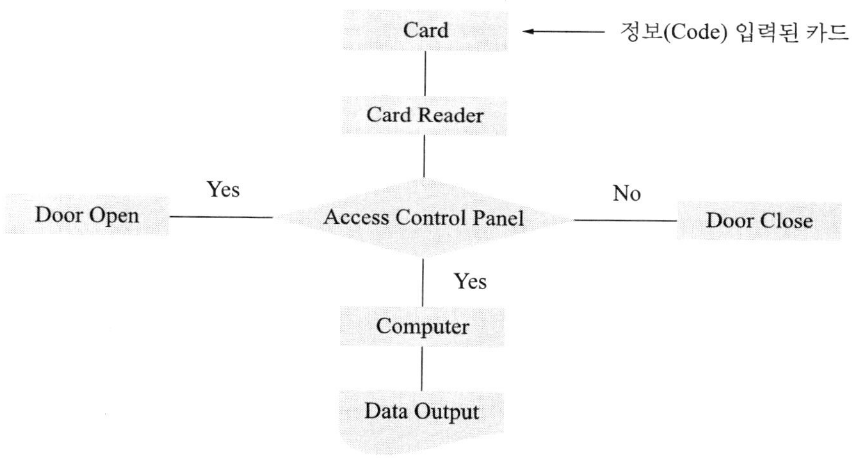


[그림 7.2] 출입통제 흐름도

### 2.3.1 카드 및 카드판독기

(1) 카드 및 카드판독기의 구성 요소
  1) 출입통제용 정보수집반(Access Control Panel)
  2) 카드판독기(Card Reader)
  3) 전자문 잠김장치(Electric Door Lock)
  4) 자석문 접점(Magnetic Door Contact)
  5) 퇴실용스위치(Exit Push Button)
  6) 전자경첩(Electronic Hinge)
  7) 카드(Card)

(2) 기능

카드의 판독방법에 따라 근접식과 접촉식이 있다. 근접판독방식은 전자공명파를 이용한 전자카드를 카드판독기가 감지하여 식별하는 것이다.

접촉식 판독방식은 전자력(Magnetic) 또는 Barium Ferrite를 이용한 카드를 카드판독기가 감지하여 식별하는 것이다.

1) 근무관리
2) 주요시설 출입관리
3) 출입통제 기능
4) 대여금고 관리
5) 금융결제단말기 책임자 보안
6) 얼굴인증 자동입출금기(ATM : Automated Teller Machine) 사용

(3) 출입통제시스템의 동작

| 승인자 | 비승인자 |
| --- | --- |
| ID 카드 인식 | ID 카드 불인식 |
| ↓ | ↓ |
| 출입허가표시 | 출입불가표시 |
| ↓ | ↓ |
| 출입문 열림 | 출입문 안열림 |
| ↓ | ↓ |
| 출입 시도 | 출입 시도시 경보 |
| ↓ | ↓ |
| 출입 | 출입 실패 |

[그림 7.3] 출입통제시스템의 동작

출입통제시스템의 출입문에는 수동여닫이문과 자동문이 있다.

[그림 7.4] 카드에 의한 출입통제

### 2.3.2 개인별 정보화일

각 개인에게 별도의 비밀번호 부여, 암호버튼식(Key Pad Type)의 스위치를 카드 판독기와 병용, 카메라 영상기술을 병용하여 개인별 정보화일(Data File)에 개인의 인상기록(Photographic)을 추가 입력한다.

### 2.3.3 생체인식(Biometrics)

생체인식(Biometrics) 기술은 '지문(指紋), 홍채(紅彩), 망막(網膜), 정맥(靜脈), 손금, 얼굴' 등 신체 일부의 고유한 특성을 판별하여 본인 여부를 인증하는 기술이다.

## 2.4 Door Control System

대형 건축물의 비상계단과 주차장등 위험요소가 많은 지역의 출입을 최대한 제한하여 사고를 방지하고자 하는 시스템이다.

### 2.4.1 구성

(1) 출입통제용 제어반
(2) 전자잠금장치(Electric Door Lock)
(3) 자석문 접촉센서(Magnetic Door Contact)
(4) 전자경첩(Electronic Hinge)

### 2.4.2 출입통제 흐름도와 장치

(1) 출입통제 흐름도

[표 7.2]는 건축물 내의 출입을 승인자와 비승인자로 구분한 출입통제흐름도이다.

▼ 표 7.2 출입통제 흐름도

승인자

| ID 카드 인식 | ▸ | 출입허가표시 | ▸ | 출입문 열림 | ▸ | 출입 시도 | ▸ | 출입 |
|---|---|---|---|---|---|---|---|---|

비승인자

| ID 카드 불인식 | ▸ | 출입불가표시 | ▸ | 출입문 안열림 | ▸ | 출입 시도시 경보 | ▸ | 출입 실패 |
|---|---|---|---|---|---|---|---|---|

(2) 출입통제장치

1) 입실

2) 퇴실

3) 비상시 운영

### 2.4.3 전자잠금장치의 힘

(1) 솔레노이드 코일(Solenoid Coil)

도선에 전류가 흐르면 반드시 그 주위에는 자장이 발생되는데 이 현상을 전류의 자기작용이라 한다.

전류에 의한 자장의 방향은 암페어의 오른나사법칙(Amprer's right-hand acrew rule)에 따라 결정된다. 이때 오른나사의 진행방향을 전류의 방향으로 하면 나사의 회전방향이 자장의 방향이 된다.

[그림 7.5]의 (a)와 같이 자력선은 도선과 수직인 평면 안에서 도선을 중심으로 하는 동심원 형태를 그린다. 이때 (a)의 1개 도선인 경우나 2개 도선인 경우에 전류방향에 따른 자장(자기력선)의 방향을 (b)와 같이 나타낼 수 있다. (b)에서 ⊗(cross)표시는 지면의 앞쪽에서 뒤쪽으로 전류가 흐르는 것을 표시하며, ⊙(dot)표시는 지면의 뒤 쪽에서 앞쪽으로 전류가 흐르는 것을 표시한다.

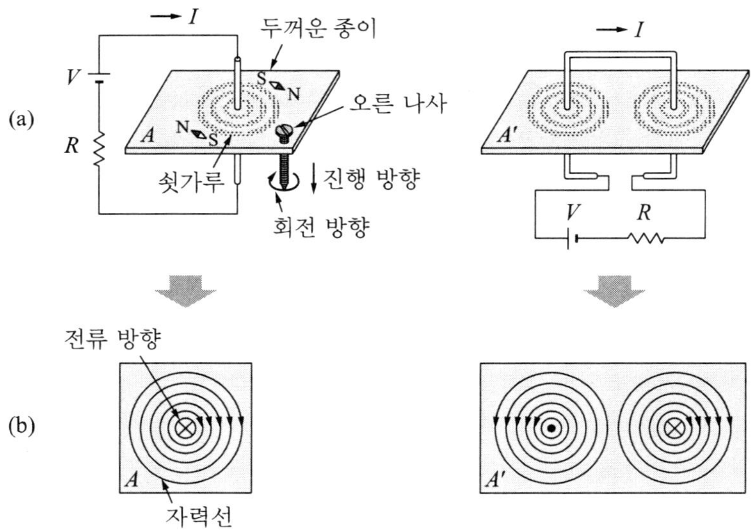


[그림 7.5] 전류에 의한 자장

[그림 7.6]과 같은 코일에 전류를 흘리면 전선을 쇄교하는 자력선은 코일 속에서 서로 합해져서 강한자장을 만들며 그 크기는 코일을 감은 횟수에 비례

한다. 이와 같이 원통형 절연물에 전선을 조밀하게 감은 것을 솔레노이드 또는 솔레노이드 코일(Solenoid Coil)이라고 한다.

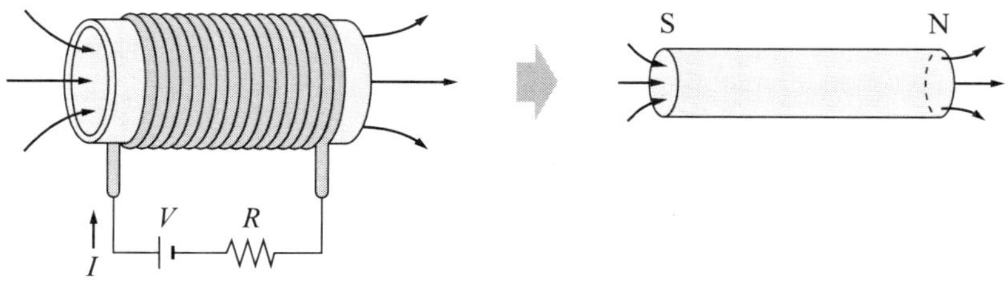


[그림 7.6] 솔레노이드 코일

(2) 전류에 의한 자장의 세기

[그림 7.7]과 같이 도선에 $I[A]$의 전류가 흐를 때 도선상의 미소길이 $\Delta l$에 의하여 점 O로부터 $r[m]$떨어진 P점에 생기는 자장의세기 $\Delta H$는 전류방향의 $\Delta l$과 OP가 만드는 각을 $\theta$라 하면

$$\Delta H = \frac{I \cdot \Delta l}{4\pi r^2} \sin\theta \, [AT/m] \quad (7\text{-}1)$$

으로 표시되고 비오-사바르의 법칙이라 한다. 이때 자장의 방향은 오른나사 법칙에 따라 P점과 $\Delta l$을 포함한 평면에 수직이다.

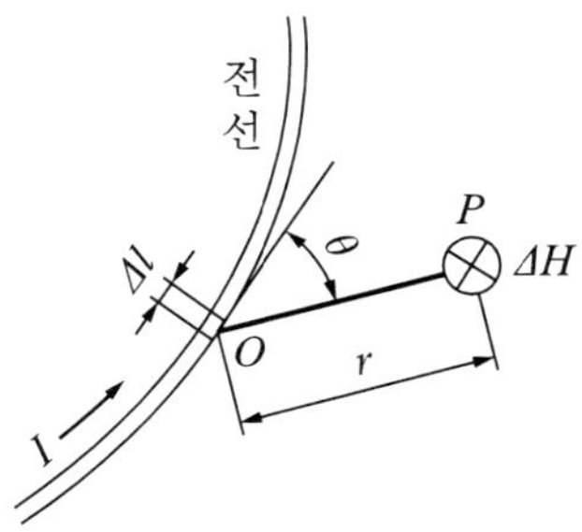


[그림 7.7] 자장의 세기

[그림 7.8]의 (a)는 코일 1개를 바닥에 세우고 상하로 전류방향(⊗, ⊙)에 의한 자장을 나타낸 것으로 전류의 방향이 반대이기 때문에 자장은 중앙에 집중하여 화살표 방향으로 생긴다.

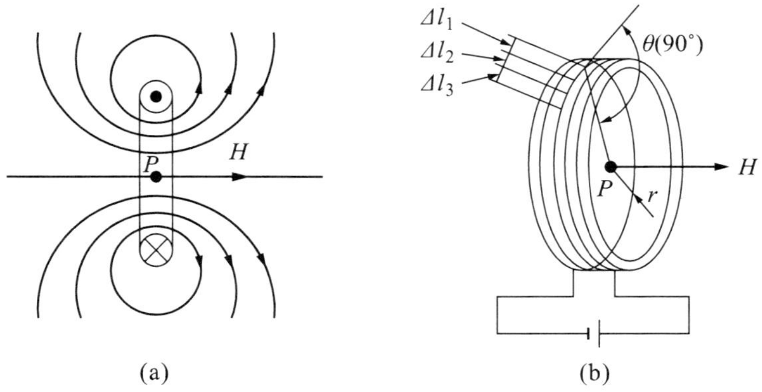


[그림 7.8] 원형코일

지금 (b)같이 코일을 N회 감은 반지름 $r[m]$의 원형코일에 전류 $I[A]$가 흐를 때 원형코일의 중심점 P에 발생되는 자장의 세기 $H[AT/m]$를 구하면 다음과 같다.
원형코일의 미소부분 $\Delta l$의 합은 원주와 동일하므로 반지름이 $r[m]$이면

$$\sum \Delta l_n = \Delta l_1 + \Delta l_2 + \Delta l_3 + ...... + \Delta l_n = 2\pi r \quad (7\text{-}2)$$

또한 미소길이 $\Delta l_n[m]$에 의해서 중심 P에 생기는 자장의 세기 $\Delta H$는 비오-사바르의 법칙에 의해서 $\Delta H = \dfrac{I \cdot \Delta l}{4\pi r^2} \sin\theta \, [AT/m]$이다.

이 경우에 각 미소부분은 중심 P에 대하여 항상 직각이므로 $\theta = \dfrac{\pi}{2}$, 즉

$\sin\theta = \sin\dfrac{\pi}{2} = \sin 90° = 1$이 된다. 따라서

$$\Delta H = \frac{I \cdot \Delta l}{4\pi r^2} \sin\theta = \frac{I \cdot \Delta l}{4\pi r^2} [AT/m] \quad (7\text{-}3)$$

그러므로 원형코일 전체에 대한 P점의 합성 자장의 세기 $H[AT/m]$는 자계의 방향이 모두 코일면에 수직이며 동일 방향이므로 이 $\Delta H$를 모두 더하면 된다.

$$\begin{aligned}\Delta H &= \sum \Delta H_n = \Delta H_1 + \Delta H_2 + \Delta H_3 + \cdots\cdots + \Delta H_n \\ &= \frac{I \cdot \Delta l_1}{4\pi r^2} + \frac{I \cdot \Delta l_2}{4\pi r^2} + \frac{I \cdot \Delta l_3}{4\pi r^2} + \ldots + \frac{I \cdot \Delta l_n}{4\pi r^2} \\ &= \frac{I}{4\pi r^2}(\Delta l_1 + \Delta l_2 + \Delta l_3 + ...... + \Delta l_n)\end{aligned}$$

$$= \frac{I}{4\pi r^2}\sum \Delta l_1 = \frac{I}{4\pi r} \times 2\pi r = \frac{I}{2\pi r}[AT/m] \tag{7-4}$$

이에서 코일의 권수가 1회인 경우이므로 코일에 감은 권수가 N회일 경우에는 자장의 세기도 N배가 됨을 알 수 있다.

(3) 전자유도

코일을 자장 내에서 운동시키거나 자석을 움직이면 코일을 지나는 자속이 변화하므로 코일에 기전력이 발생하는 현상을 전자유도라 한다. 이 대 코일에 발생하는 기전력을 유도기전력이라 하고 전류를 유도전류라 한다. 변압기와 발전기에 이용하고 있다. 유도전압의 방향을 알기 위한 방법은 다음이 있다.

가. 렌쯔의 법칙(Lenz's law)

전자유도에 의하여 코일에 발생하는 기전력의 방향은 그 유도전류가 만드는 자속이 항상 원래의 자속의 증가 또는 감소를 방해하려고 하는 방향이다. 이를 렌쯔의 법칙이라 한다.

[그림 7.9]의 (a)에서 $SW_1$을 닫으면 코일 A 내부의 자속방향은 오른 쪽에서 왼쪽으로 증가하므로 이것을 방해하는 방향(5에서 6의 방향)으로 전압이 발생한다. $SW_1$을 열면 코일 A 내부의 자속방향은 오른 쪽에서 왼쪽으로 발생하던 자속이 0으로 감소하므로 이것을 방해하는 방향(6에서 5의 방향)으로 전압이 발생한다.

[그림 7.9]의 (b)에서 $SW_2$을 닫으면 코일 A 내부의 자속방향은 왼쪽에서 오른 쪽으로 증가하므로 이것을 방해하는 방향(6에서 5의 방향)으로 전압이 발생한다. $SW_2$을 열면 코일 A 내부의 자속방향은 왼쪽에서 오른쪽으로 발생하던 자속이 0으로 감소하므로 이것을 방해하는 방향(5에서 6의 방향)으로 전압이 발생한다.

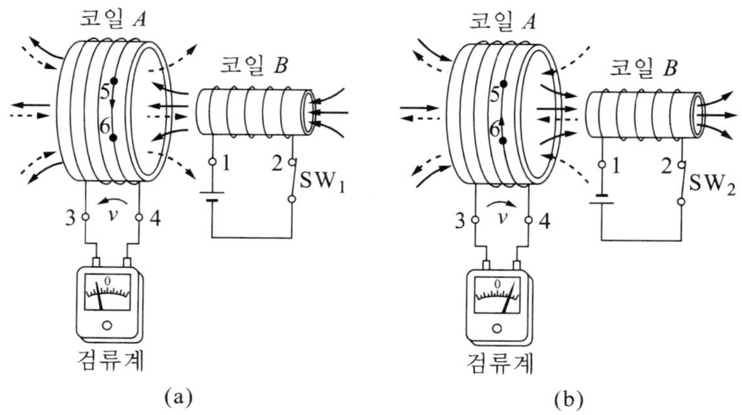


[그림 7.9] 렌쯔의 법칙

나. 플레밍의 왼손법칙(Fleming's right-hand rule)

[그림 7.10]과 같이 자장 속에서 도체가 운동할 때 도체에 생기는 유도기전력의 방향은 오른손의 엄지손가락은 도체의 운동방향, 집게손가락은 자장의 방향으로 할 때 가운데 손가락은 유도기전력 방향을 나타낸다는 법칙이다.

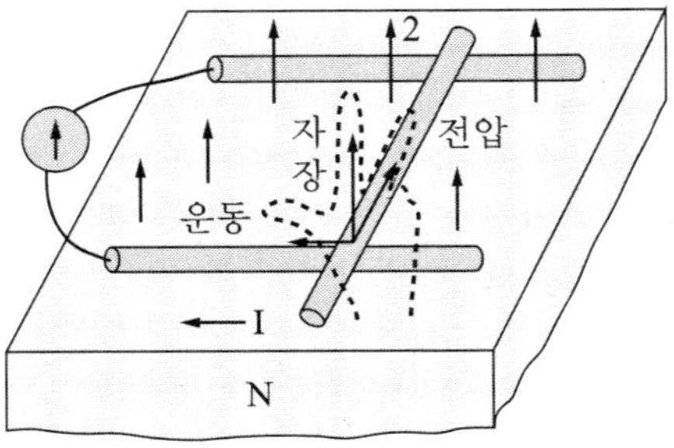


[그림 7.10] 플레밍의 왼손법칙

(5) 흡인력

전자석이 철판을 흡인하는 힘 F는 자장에 저장된 전자에너지가 기계적인 일로 변환된 것이다.

[그림 7.11]에서 흡인력 F[N]이 작용하여 철판이 $\Delta x$만큼 이동 하였을 때 자속밀도가 변하지 않는다면 $\Delta x$에 축적되어 있는 에너지 $\Delta W_1$은 잃어버린 것이 되며 이것이 흡인력에 의해서 한 일 $\Delta W_2$와 같게 된다. 그러므로

손실에너지 $\Delta W_1 = \frac{1}{2} \cdot \frac{B^2}{\mu_0} A \Delta x$

흡인력이 한일 $\Delta W_2 = F\Delta x$

$\Delta W_1 = \Delta W_2$ 이므로

$$F = \frac{\Delta W_1}{\Delta x} = \frac{1}{2} \cdot \frac{B^2}{\mu_0} A\,[N] \qquad (7\text{-}5)$$

또한 단위 넓이 $1[m^2]$ 마다의 흡인력을 $f\,[N/m^2]$라 하면

$$f = \frac{1}{2} \cdot \frac{B^2}{\mu}\,[N/m^2] \qquad (7\text{-}6)$$

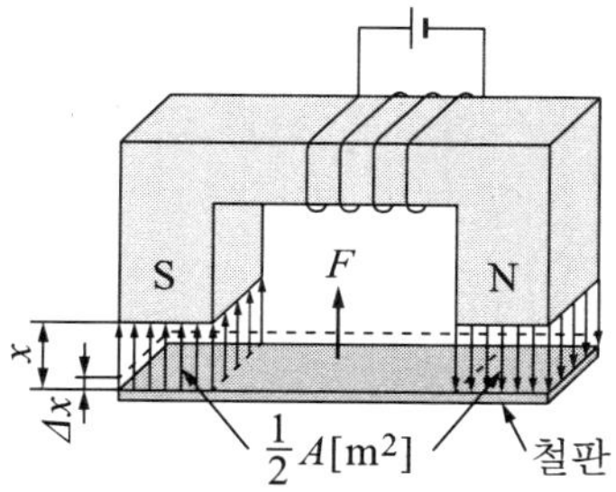


[그림 7.11] 흡인력

자극의 넓이를 $A[m^2]$, 자속밀도를 $B[W_b/m^2]$, 자극과 철판사이의 간격을 $x[m]$라고 하면 축적되어 있는 전자에너지 $W$는

$$W = \frac{1}{2} \cdot \frac{B^2}{\mu_0} A x [J] \tag{7-7}$$

[그림 7.11]에서 하나의 자극 단면적이 $20[cm^2]$이고 자속이 $12 \times 10^{-4}[Wb]$라고 할 때 자기 흡인력은 얼마인지 계산하고 화재발생시 연기의 차단을 위한 방화문의 당기는 힘과 흡인력과의 관계를 생각해보자.

$$\text{자속밀도 } B = \frac{\phi}{A} = \frac{12 \times 10^{-4}}{20 \times 10^{-4}} = 0.6[Wb/m^2]$$

$$\text{전체 단면적 } A' = 2 \times 20 = 40[cm^2]$$

$$F = \frac{1}{2} \cdot \frac{1}{\mu} B^2 A = \frac{1}{2} \times \frac{1}{4 \times 10^{-7}} \times 0.6^2 \times 40 \times 10^{-4} = 573.2[N] \tag{7-8}$$

(6) 전선사이의 작용하는 힘

가. 직선전류

[그림 7.12]는 전선 사이의 힘이나 방향을 알기 위한 것이다. 전선간 이격거리나 약전선과 강전선간 거리를 두게 하는 이유를 알 수 있다.

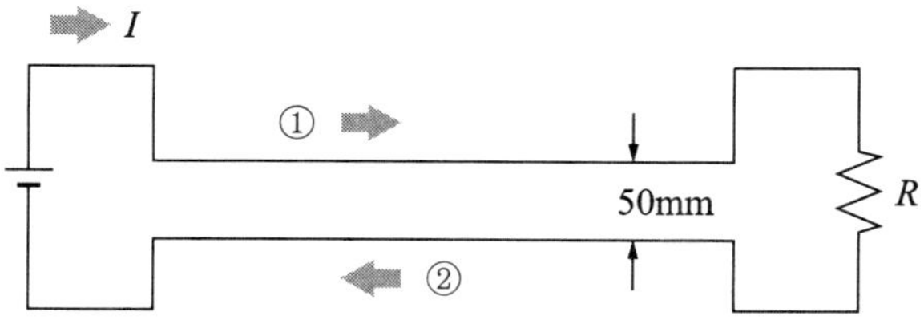


[그림 7.12] 전선 사이에 작용하는 힘 1.

[그림 7.12]에서 전선에 $10[A]$의 전류가 흐르며 전선의 거리가 50[mm]일 때 서로 작용하는 힘의 크기와 방향은 어떻게 될까 표시해 보시오
작용하는 힘의 크기 F는

$$F = \frac{2I_1I_2}{r} \times 10^{-7} = \frac{2 \times 10 \times 10 \times 10^{-7}}{50 \times 10^{-3}} = 4 \times 10^{-4}[N/m] \tag{7-9}$$

전류의 방향이 반대이므로 [그림 7.13]과 같이 서로 상하로 반발력이다.

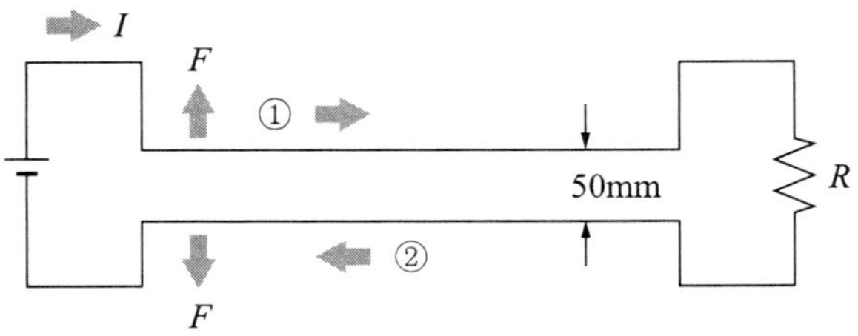


[그림 7.13] 전선 사이에 작용하는 힘 2.

나. 원형코일

[그림 7.14]의 원형코일에서 코일의 전류가 $0.1[A]$이고 전선의 간격은 $4[mm]$라고 한다면 코일의 전선 $1[m]$마다 작용하는 힘과 전선 $1[cm]$마다는 어떻게 되는가? 힘의 방향을 그림으로 표시하시오.

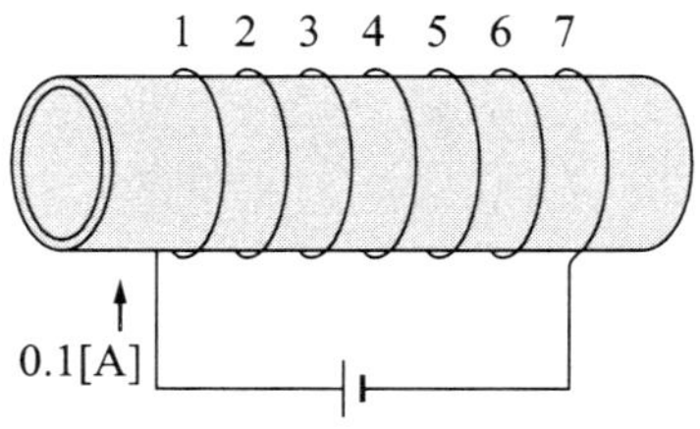


[그림 7.14] 원형코일

작용하는 힘의 크기 F는

$$F = \frac{2I_1I_2}{r} \times 10^{-7} = \frac{2 \times 0.1 \times 0.1 \times 10^{-7}}{4 \times 10^{-3}} = 5 \times 10^{-7}[N/m] \tag{7.10}$$

$1[cm]$마다 작용하는 힘의 크기 $F'$는

$$F' = \frac{2I_1I_2}{r} \times 10^{-7} = \frac{2 \times 0.1 \times 0.1 \times 10^{-7}}{4 \times 10^{-3}}$$
$$= 5 \times 10^{-7}[N/m] = 5 \times 10^{-9}[N/cm] \tag{7-11}$$

그림에서 중앙코일 4번은 양쪽의 힘이 상쇄되어 힘을 받지 않으나 다른 코일은 각각 $F_1, F_2, F_3,$의 크기순으로 힘을 받으며 방향은 화살표 방향이다. 이때 힘의 크기는 거리에 반비례하고 각각 코일사이의 힘의 합 또는 차로 나타나며 식 (7-10)의 $F = 5\times10^{-7}[N/m]$에서

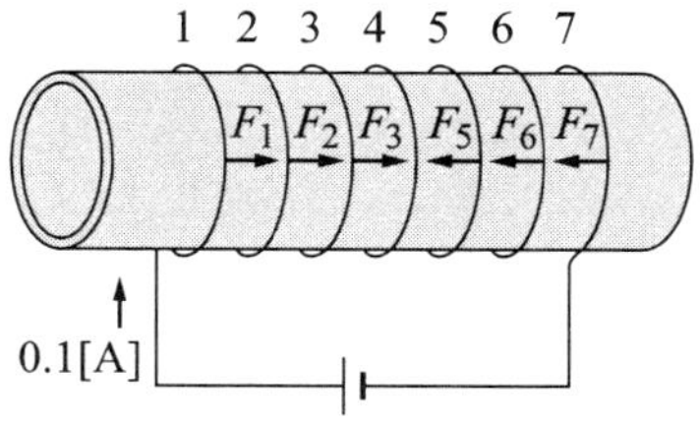


[그림 7.15] **원형코일**

$$F_1 = F + \frac{F}{2} + \frac{F}{3} + \frac{F}{4} + \frac{F}{5} + \frac{F}{6} = F_7 = 1.225\times10^{-6}[N/m]$$

여기서 $F$는 2번 코일, $\frac{F}{2}$는 3번 코일, $\cdots\frac{F}{6}$는 7번 코일이다.

$F_2$는 1번, 3번 코일의 힘이 서로 상쇄되어 없어진다.

그러므로 $F_2 = \frac{F}{2} + \frac{F}{3} + \frac{F}{4} + \frac{F}{5} = F_6 = 6.42\times10^{-7}[N/m]$

또 $F_3$는 1번, 5번 및 2번, 4번 코일의 힘이 서로 상쇄되어 없어지고 6번, 7번 코일에 대한 힘뿐이다. 그러므로

$$F_3 = \frac{F}{3} + \frac{F}{4} = F_5 = 2.92\times10^{-7}[N/m]$$

## 2.5 화상시스템

화상시스템은 폐회로시스템인 CCTV시스템(Closed Circuit Television System)과 개회로시스템인 TV방송이 있다.

▼ 표 7.3 폐회로시스템과 개회로 시스템

| | |
|---|---|
| 폐회로 시스템<br>(closedcircuit system) | • 화상 정보를 특정의 목적으로 특정의 사용자에게 전달하는 시스템(=CCTV)이다. 화상의 송수신을 유선 또는 무선으로 연결하며 수신대상 이외에는 임의로 수신할 수 없다. Industrial Television의 약어인 ITV라고도 한다. |
| 개회로 시스템<br>(opencircuit system) | • 송신할 때만 전류가 통하게 되어 있는 통신 방식<br>• 화상 정보를 불특정 다수에게 전달(ex. 일반 TV방송) |

### 2.5.1 구성

[그림 7.16]은 화상시스템의 기본 구성도이다. 촬상부는 피사체 및 이를 촬영하여 전기신호로 변환하고 전송부는 전기신호를 원격지에 전송하며, 수상부는 전송되어온 영상신호를 재생하여 표시한다. 대형시스템에서는 각 부분을 통합제어할 수 있는 제어부가 있다.

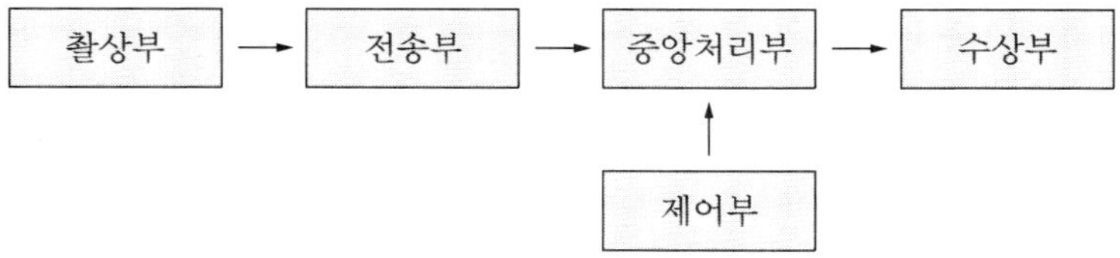


[그림 7.16] 화상시스템 기본 구성도

(1) 촬상부

촬상부는 피사체를 촬영한 영상신호를 전기신호로 전환하는 역할을 한다. 카메라와 렌즈로 구성된다.

1) 카메라

화상시스템에서 카메라의 역할은 사람의 눈과 같은 것으로 감시대상으로부터의 정보를 수집하고 파악하여 분석하는 기능을 수행한다. 카메라의 성능에 필요한 주요사항은 다음과 같다.

- 해상도
- 최저 피사체 조도
- S/N비 : 카메라의 신호성분(Signal)과 잡음(Noise)성분의 비
- 전송방식 : 동기방식과 비동기방식이 있다.
- 대역폭
- 프레임 시간
- 촬상관

2) 렌즈

(2) 전송부

촬영한 영상을 수상부에 전송하는 역할을 하며 전송방식은 유선방식과 무선방식으로 분류한다. 전송방식을 선정할 때 검토하여야 할 사항은 다음과 같다.

1) 전송할 거리
2) 제어방식과 항목 수
3) 위치 여건
4) 케이블설치 유무
5) 무선방식의 경우에는 주파수 할당 가능성

(3) 제어부 : 복잡한 시스템일 경우 필요하며 카메라와 회전기 렌즈 등을 제어할 때 요구된다.

(4) 수상부 : 촬상부에서 전송된 전기신호를 영상신호로 재생해 실체의 상을 볼 수 있게 한다.

### 2.5.2 구성방법

(1) 단일회로 구성
(2) 다중회로 구성
(3) 복합 구성

### 2.5.3 부수장치

(1) 영상절환장치 : 여러 대 카메라에서 보낸 영상을 하나의 모니터에서 볼 수 있게 하는 장치이다.

(2) 화면분할장치 영상 절환장치와 마찬가지로 하나의 모니터에 여러 영상을 보여주는 장치이다.

(3) 영상분배장치 : 카메라에서 촬영한 영상을 여러 대 모니터에 분배할 수 있는 장치이다.

(4) 녹화장치 : 지속적인 감시보다 사고발생상황을 확인하기 위한 목적으로 사용하는 장치이다.

(5) 팬틸트 장치 : 카메라를 상하좌우로 움직여 범인의 움직임을 추적하고 다양한 각도를 촬영 할 수 있는 장치이다.

### 2.5.4 주변기기

(1) 하우징(Housing)
(2) 회전기
(3) 기타
  1) 카메라 지지대/Pole
  2) 모니터
  3) VTR
  4) Splitter
  5) 카메라 원격제어반

6) 낙뢰 보호기
7) 콘솔데스크 등

### 2.5.5 CCTV시스템의 분류

(1) 산업용 TV(ITV : Industrial Television)
(2) 교육용 TV(ETV : Educational Television)
(3) 의료용 TV(MTV : Medcal Television)
(4) 가정용 TV(Video Phome)
(5) 회의용 TV
(6) 유선 TV(CATV : Community Antenna Television)

### 2.5.6 설치 목적

(1) 효과적인 감시체제의 확립. 비상 또는 화재시 조기 발견 및 손실 최소화
(2) 주요 산업시설의 무인 자동화에 부응
(3) 기업의 생산성 향상
(4) 첨단 시스템 도입에 따른 이미지 개선 및 신뢰도 향상
(5) 관리 및 경비 업무능률 향상
(6) 범죄심리적으로 도벽 억제 및 바람직한 행동 유도
(7) 인건비 절감
(8) 사건 발생시 조사 용이

### 2.5.7 CCTV 역할

(1) 시계확장 : 계속해서 모든 방향을 볼 수 있기 위해 추가 근무자 배치 대신 CCTV를 이용하면 상황실을 운영할 장소가 필요하게 되며, 이곳에서 침입을 시도하려는 범인의 행동을 감시하는게 가능하다.

(2) 추가정보제공 : 침입감지시스템에서 경보가 발생했을 때 직접 보지 못했다면 사람은 자신이 경험한 것을 토대로 경보상황에 대응 할 수밖에 없다. 그러나 이것은 실제 경보를 무시하는 위험을 유발할 가능성이 높기 때문에 무엇이 진행되고 있는지 직접 볼 수 있는 CCTV의 역할이 필요하다.

(3) 경비 역할 :
1) 현장에서 발생하는 이상상황 실시간 확인
2) 변화 상황을 녹화하여 언제든 재생
3) 움직임 감지장치를 사용해 영상변화를 감지하여 경보

4) 침입감지시스템의 감지기와 같이 사용하여 오경보를 확인하는 근무자 보조장치로 사용
5) 출입통제시스템에 사용되어 원격으로 출입인원 확인을 위해 사용
6) 상황실에서 현장상황을 확인해 근무자의 직접적 위험 노출 감소

### 2.5.8 CCTV운용을 위한 고려사항

(1) 움직임 감지

인간의 특성과 심리를 고려해 CCTV운용효율을 높일 수 있어야 한다. 이때 현장 상황의 변화로 모니터 화면의 영상이 변화하면 이를 감지하고 경보하여 모니터 운용요원의 주의를 이끌어낼 수 있게 하여야 한다.

(2) 지능형 영상감지

설정한 규칙에 위반되거나 벗어나는 움직임의 행위 등을 감지하여 운영요원에게 경고하여 신속하게 대응할 수 있도록 한다. 이때 CCTV 운영의 효율성을 향상 시킬 수 있어야 한다.

(3) 침입감지기와 연동

모니터를 준비하여 하나는 취약한 지역을 지속적으로 감시하고 하나는 침입감지시스템에서 사용되는 감지기가 작동할 때 감시구역에 있는 카메라를 작동시켜 모니터에 나타나게 한다. 그러면서 최소한의 모니터를 효과적으로 운용할 수 있도록 하여야 한다.

(4) 영상녹화

상점이나 은행과 같은 장소에서 범인이 일반인들과 같이 있게 되어 침입감지시스템이 작동할 수 없는 상황일 때, 필요한 정보를 얻고 다시 확인하기 위해 녹화장치를 항상 가동시키거나 의심스러운 상황에 대한 녹화를 위해 수동으로 작동 가능하여야 한다.

(5) 모니터 수량의 감소

Motion detection기능은 원래 모니터 자체나 화면에서 움직임을 감지하는 전자회로를 결합한 것이지만, 이러한 회로를 카메라에 연결하여 사용하여 많은 모니터를 사용할 필요가 없도록 하야 한다.

(6) 빈 모니터의 활용

방법침입감지 센서가 작동하기 전까지 한 개 또는 두 개의 모니터 화면이 꺼져 있다가 센서가 작동하면 카메라를 작동시켜 빈 모니터 화면에 영상을 나타나게 할 수 있어야 한다.

## 2.6 외곽감시 시스템

침입, 순찰, 출입통제시스템을 병용(併用)하여 구성하는 시스템이다. 자동경비시스템과 연계하면 인건비의 절감이 가능하여 예산절약에 유용하나 신속한 대응에는 보완할 사항도 있다.

### 2.6.1 감시개념별 구성

(1) 1차 감시
(2) 2차 감시
(3) 확인 감시
(4) 시설감시
(5) 출입통제 감시
(6) 순찰 감시
(7) 중앙제어실 감시

### 2.6.2 외곽 감시용 감지기

(1) 적외선 2단파 감지기(Infrared twin beam sensor)
(2) 마이크로파 감지기(Microwave sensor)
(3) Cable 감지기(Cable sensor)
(4) 진동 감지기(Shock sensor)

## 2.7 보안시스템의 구성

### 2.7.1 일반적 구성

[그림 7.17]은 보안시스템의 일반적 구성이다.

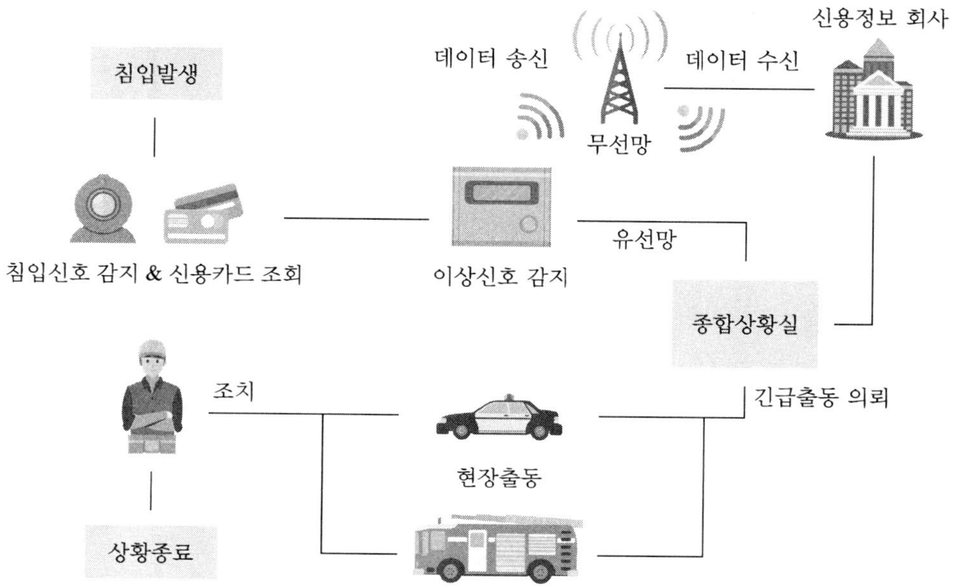


[그림 7.17] 일반적 구성

### 2.7.2 CCD카메라 이용시스템

[그림 7.18]은 CCD카메라를 이용한 보안시스템이다.

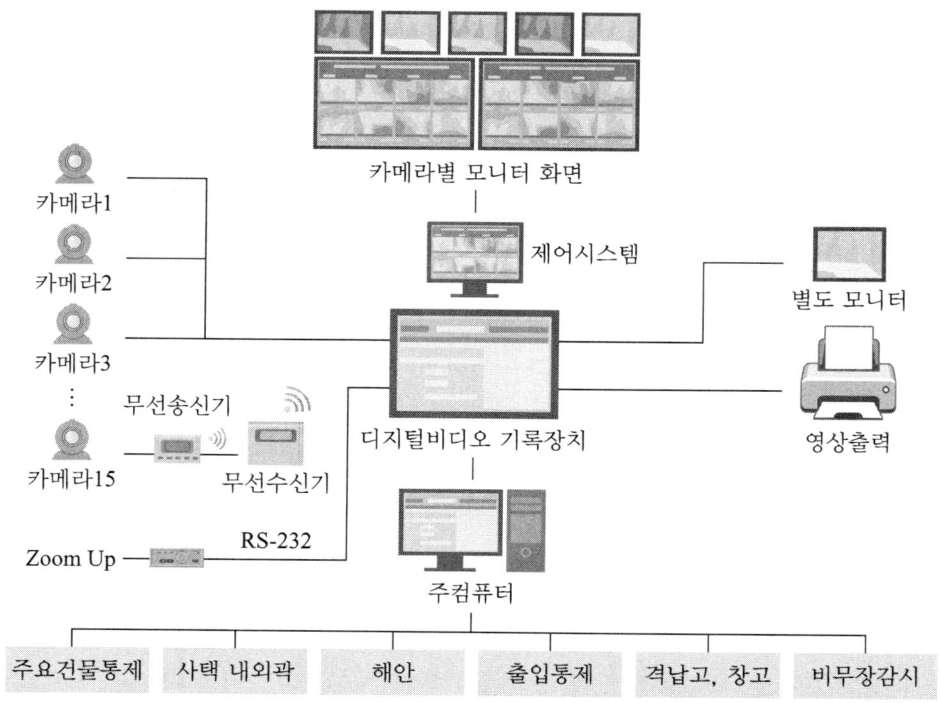


[그림 7.18] CCD 카메라 이용시스템

### 2.7.3 화재감지기와의 결합

[그림 7.19]는 CCTV와 화재감지기능을 겸한 것 경우이다. 데이터통신은 TX/RX를 기기 상호간에 하며 통신이 되지 않는 기기는 릴레이를 사용하여 단순 신호만 전달되도록 하고 있다. 이러한 경우에는 영상분석식 불꽃감지기는 화재수신기에 직접 접속은 할 수 없으며 중계기를 통하여 신호를 전달하게 된다. 또 신호를 단순하게만 전달하려면 릴레이를 사용하면 되어 가격이나 기능을 적게 할 수 있으나 자동화를 할 수 없는 단점이 있다.

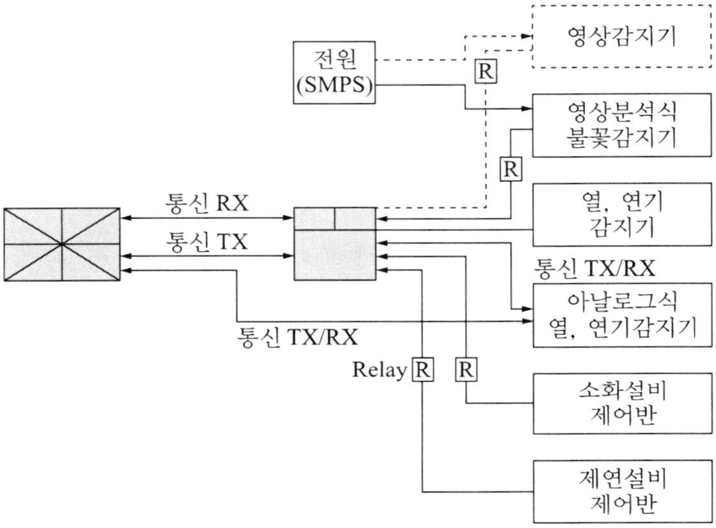


[그림 7.19] 화재감지기와의 결합

[그림 7.20]은 컴퓨터기능과 중계기의 결합을 보인 것이다. 종합방재센터의 관제 모니터에는 감시구역의 모든 영상감지기나 영상분석식 불꽃감지기의 위치나 화재경보를 실시간으로 전송 받을 수 있다.

따라서 영상감지기나 영상분석식 불꽃감지기와 접속되어 통신하는 리피터의 신호를 받은 컨버터는 컴퓨터 화면에 모니터할 수 있으며 컨버터에서는 화재수신기에 신호를 전송하여 화재경보나 피난설비 및 소화설비, 제연설비 등 관련설비에 동작신호를 전송하게 된다.

이를 위해 영상화재감지기나 영상분석식 불꽃감지기에는 RS-485 컨버터 및 리피터가 세트로 설치되어야 하고 모니터와의 DATA통신을 위해서는 RS-232포트 1개와 통신하게 된다. 따라서 모니터의 DATA통신에 사용하는 RS-232포트의 확장카드 수와 컨버터 및 리피터의 1대당 통신 가능한 감지기 수와 이에 접속할 수 있는 감지기 수량을 산정하여야 하며 이에 따른 전원 용량이 산출되어야 한다. 전원 용량은 안전율을 적용한 감지기 1개의 전류량에 설치에 필요한 감지기 수량을 곱하면 된다.

한편 아날로그식 열, 연기 감지기는 중계기와 DATA통신을 하며 중계기는 수신기와 통신하게 되고 수신기는 컨버터의 신호 수신과 마찬가지로 화재경보나 피난설비 및 소화설비, 제연설비 등 관련설비에 동작신호를 전송하게 된다.

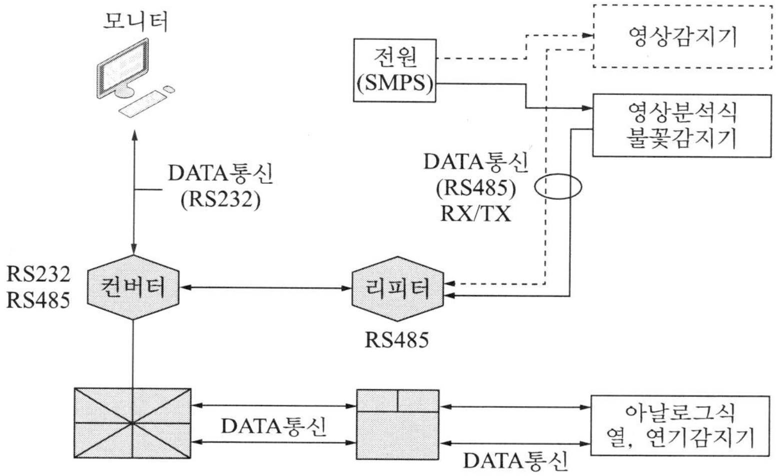


[그림 7.20] 컴퓨터기능과 중계기의 결합

## 2.8 시스템에 대한 보안시스템의 적용

### 2.8.1 침입 감시

(1) 출입문 감시
(2) 공간 감시
(3) 유리창 감시
(4) 비상스위치
(5) 헬리포트 감시

### 2.8.2 대상물 감시

(1) 금고 감시
(2) 캐비넷 감시
(3) 전시물 감시

### 2.8.3 순찰 감시

직접 순찰을 돌며 감시하는 방법으로 주요지역이나 취약지역에 적용한다.

### 2.8.4 출입통제

(1) 출입자 통제
(2) 엘리베이터 통제
(3) 주차장 통제

### 2.8.5 비상방송

주요지역이나 장소에 적용하며 방송설비와 연동하여 사용한다.

### 2.8.6 CCTV

(1) 돔 카메라(Dome Camera)
주로 실내에서 많이 사용되며 일반적으로 적외선기능이 없으나 어두운 조명이 있으면 저조도 기능으로 인해서 야간에 촬영이 가능하다.

(2) 돔 적외선카메라(Dome IR Camera)
돔 카메라의 단점을 보완하여 야간에도 촬영이 가능하도록 적외선 LED 기능이 탑재되어 빛이 없는 곳이나 야간에도 촬영이 가능하다.

(3) 적외선카메라(Bullet Camera)
주로 실외에 많이 설치하며 외부용 카메라답게 방수인증이 되어 있어 전천후 촬영이 가능하다. 적외선카메라 또는 블렛카메라라고도 한다.

[그림 7.21] 카메라의 종류

(4) 하우징 일체형 카메라(Housing Camera)
블랫카메라의 단점은 생활방수는 되지만 지속적인 악천 후시에는 완전방수가 되지 않아 이를 보안하기 위해 만든 제품으로 방수가 거의 완벽하게 되는 제품이다.

(5) 스피드 돔 카메라(PTZ, Speed Dome Camera)

스피드 돔 카메라와 PTZ카메라는 같은 카메라로 본다. 줌과 회전 틸트기능이 있으며 실외, 실내형 2가지가 있다.

저조도에서도 영상기능이 좋은 카메라가 있었으나 적외선기능을 가진 제품이 출시되고 있다.

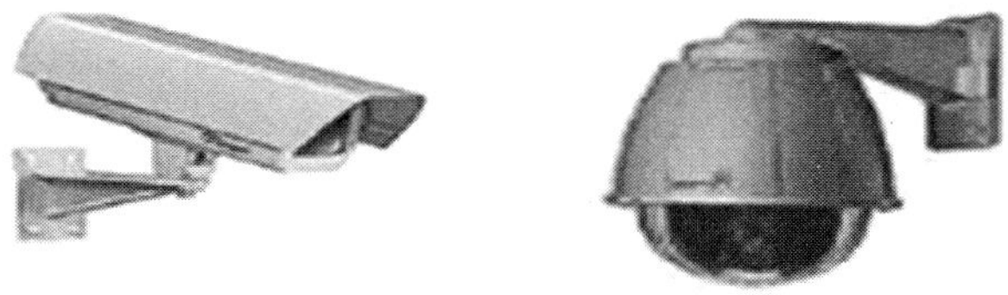

[그림 7.22] 하우징 일체형과 스피드 돔형 카메라

### 2.8.7 외곽 경비

건축물의 외곽에 설치되는 울타리, 담장 등에 센서를 설치하여 경비하는 방법이다.

## 2.9 장소별 적용지역과 잠재위험

### 2.9.1 지역별

(1) 내부 주차장 지역

1) 주요시설이 함께 설치되어 있어 주차장 파괴시 건축물 전체 운영에 영향
2) 건물 통신 시설의 방해
3) 빌딩 소유재산 불법유출
4) 심야에 근무하는 종업원의 상해

(2) 은행 및 상가지역

1) 대중의 소동, 데모, 폭동
2) 통제지역의 비인가자 출입
3) 건축물 재산의 파괴
4) 방문객, 외빈, 종업원의 상해
5) 건축물 소유재산의 불법유출

(3) 사무실 지역
1) 비밀 서류에 비인가자 접근
2) 재산 도난
3) 재산 및 치명적인 영업활동의 피해
4) 주요 공간에 도청장치 설치
5) 업무 교란을 위한 폭발물 설치
6) 야근 종업원의 상해

### 2.9.2 건축물 용도별

▼ 표 7.4 건물 용도별 적용

| 구분 | 빌딩 | 연구소 | 백화점 | 은행 | 전산센터 | 호텔 | 병원 | 공장 |
|---|---|---|---|---|---|---|---|---|
| 침입감시 | C | A | B | A | B | D | C | A |
| 순찰감시 | A | A | A | A | B | B | A | A |
| 출입통제 | C | B | D | B | D | D | C | B |
| CCTV감시 | B | A | A | A | A | A | B | A |
| 외곽감시 | A | A | D | D | D | D | D | A |

주: A → 효율적 관리, 안전관리상 꼭 필요
B → 시설을 효율적으로 관리하는데 필요
C → 전 시스템 관리에 도움
D → 중요도는 떨어지나 관리에 도움

### 2.9.3 건물 취약부별 보안(Security)시스템 적용

# 3 보안 인증방식의 종류와 보완책

## 3.1 보안 인증방식의 종류

### 3.1.1 지식기반 인증방식

사용자가 미리 설정한 비밀정보를 기반으로 인증하는 방식이기 때문에 사용자의 습관에 따라 비밀정보를 비슷하게 설정하는 경우가 많아 유추하기 쉬울 수 있다.

• 보완책 : 사용자가 인증행위시 정면이 아닌 다른 각도에서는 인증정보가 보이지 않도록 물건이나 손으로 가리고 비밀정보입력을 행한다.
그리고 패턴이나 번호 등의 인식정보를 주기적으로 변경하도록 한다.

### 3.1.2 소지기반 인증방법

RFID, NFC의 경우 리더기와 태그가 무선환경으로 구성되어 있다. 그러므로 도청에 취약하여 악의적인 생각을 가지면 리더기를 통해 도청이 가능하다. 따라서 리더기와 태그 사이에 주고받는 데이터를 암호화하여야 할 뿐만 아니라 적절한 프로토콜을 통하여 위치추적 등을 방지할 수 있어야 한다. 또한 리더기와 태그간의 상호 인증을 이용하여 지정된 리더기 외엔 태그가 불가능하게 설정하는 것도 하나의 방법이다. 지그비의 경우에는 지그비 환경에 적합하게 암호 프로토콜을 적용하는 것이 효율적이다.

(1) RFID 시스템

아이디(ID) 카드 등을 이용하는 방식으로 아이디 카드 안에 있는 칩에 내장된 고유한 정보를 리더기가 수신하여 서버로 전송한다. 그러면 서버에서는 수신된 정보와 저장된 정보를 비교하여 출입을 제어한다. 데이터 스니핑 및 프라이버시 유출, 태그 위치 추적, 메시지 도청 등에 취약하다.

(2) NFC(Near Field Communication)

13.56MHz 대역에서 운용 중인 방식으로 스마트폰과 접목하여 출입통제 시스템에 응용하고 있다. RFID시스템과 유사한 취약점이 있다.

(3) 지그비(ZigBee)

저전력 근거리 무선통신 기술로서 소형 디바이스를 사용하기 때문에 제한적 성능을 가지고 있다. 환경적 요건이 갖춰져야 하고 암호학적 공격에 취약하다.

(4) 열쇠

전통적 아날로그방식으로 개인 각자가 가지고 다녀야 하기 때문에 분실 우려가 있고 복제등 위조가 쉽다.

• 취약성과 보완책 : 비인가자라고 하여도 해당 RFID나 열쇠 등을 획득하는 경우에는 출입이 가능하다. 그러므로 출입로그시에는 비인가자의 출입기록이 아닌 인가자의 출입기록만 남게 되어 비인가자의 세부사항 파악이 불가능하다.
RFID, NFC의 경우 리더기와 태그가 무선 환경으로 구성되어 있기 때문에 도청에 취약하다.

- 보완책 : 적절한 프로토콜을 통하여 위치추적 등을 방지하도록 하여야 하며 리더기와 태그 사이에 주고받는 데이터를 암호화하여야 한다. 또한 리더기와 태그 간의 상호 인증된 제품을 사용하도록 하여 지정된 리더기 외엔 태그가 불가능하도록 설정할 필요가 있다. 지그비의 경우 지그비 환경에 적합하게 경량 암호 프로토콜을 적용하는 것이 효율적이다.

### 3.1.3 생체기반 인증방식

(1) 지문인식

가장 대표적인 생체기반 인식 방법 중 하나이며 피부의 진피 부분이 손상되지 않는 한 평생 변하지 않는 특성을 가지기 때문에 보편적으로 많이 사용되고 있다. 유리에 남아있는 지문흔적을 복사하거나 셀로판지나 찰흙을 통한 지문복제가 있을 수 있다. 또한 물기가 있거나 겨울철 등 건조한 경우에는 인식이 잘 되지 않는 경우가 있어 사용에 불편할 경우가 있고 5~7% 정도 지문이 없는 사람들이 존재한다는 통계는 이들에 대한 방안이 강구되어야 함을 뜻한다.

(2) 홍채인식

동공과 망막 사이에 존재하는 홍채 무늬 패턴을 이용하는 것으로 데이터의 정확성 및 안정성, 사용편리성 면에서 지문보다 높은 평가를 받고 있으나 고해상도 사진 등으로 도용이 가능하다는 문제점이 있다.

(3) 안면인식

저장된 얼굴 사진과 카메라에 잡힌 얼굴과 비교하여 확인하는 방법으로 변장, 노화, 표정, 조명 등에 따라 변화가 심하여 신뢰도가 많이 부족하다.

(4) 정맥인식

비위생적이며 고가이고 아직 사용이 불편하여 많이 사용되고 있지는 않다.

- 다중요소 인증을 통하여 안전한 출입통제시스템을 실현하기 위해서는 서로 다른 2가지 이상의 인증요소를 이용하여 인증하는 방식이 좋다.

# 7 연습문제

**문제 7-1** 문 제어시스템(Door Control System)에 대해 간략히 설명하시오.

**문제 7-2** 화상시스템의 기본 구성도에서 전송부의 유선 전송방식에는 반송파를 변조하여 전송하는 반송파 전송, 영상 신호를 그대로 전송하는 ㉮ 전송, 펄스를 코드 변조화하여 전송하는 ㉯ 방식 등이 있다. ㉯ 방식의 신호 변환과정은 아래와 같이 나타낼 수 있다. 이들 ㉮, ㉯, ㉰, ㉱에 해당하는 것은 무엇인가?

아날로그 신호 ➡ 표본화 ➡ ㉰ ➡ ㉱ ➡ 복호화 ➡ 필터

**문제 7-3** 다음의 주어진 순서도 기호와 Key-word(중복 사용 가능)를 사용하여 출입통제 흐름도를 작성하여 보시오.

Key-word : Card(정보 입력된 카드), Card Reader, Door Open, Door Close, Computer, Data Output, Access Control Panel, Yes, No

| 기호 | 명칭 | 의미 |
|---|---|---|
|  | 단말 | 프로그램의 시작 또는 종료 |
| 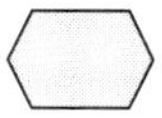 | 준비 | 기억 장소 확보, 초기값을 설정하거나 선언 |
| 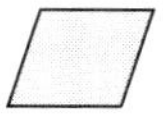 | 입출력 | 자료의 입출력 |
| 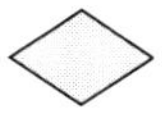 | 판단 | 조건 비교, 판단 |

| 기호 | 명칭 | 의미 |
|---|---|---|
| 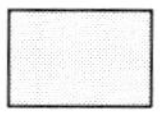 | 처리 | 자료 연산, 처리 |
| 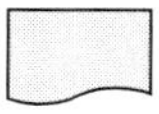 | 출력 | 결과 출력 |
|  | 흐름선 | 자료의 흐름 처리 방향 |
|  | 연결자 | 흐름의 연결 |

**문제 7-4** 정보보안의 위협과 이를 방지하기 위한 암호화에 대하여 설명하시오.

**문제 7-5** CCTV(Closed Circuit Television) 설치목적에 대하여 설명하시오.

**문제 7-6** Cyber Terror의 종류에 대해 쓰고 방지방법에 대하여 설명하시오.

**문제 7-7** 출입통제시스템의 보안장치별 특징에 대하여 쓰시오.

설비별 기호

| 분류 | 명칭 | 기호 | 비고 | 분류 | 명칭 | 기호 | 비고 |
|---|---|---|---|---|---|---|---|
| 보안설비 | 카메라 | 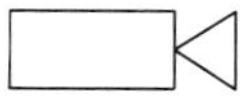 | | 스피커 | 컬럼형 스피커 | 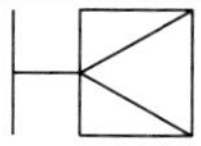 | |
| | 카메라 (PAN/TILT) | 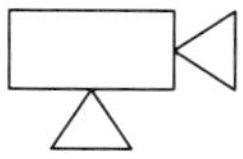 | | | 음량조절기 |  | |
| | CCTV콘솔 | 영상 CON | | | 고성기 | 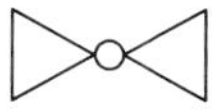 | |
| | 영상감지장치 모니터 | M | | 마이크 | 마이크 잭 (벽부형) | m | |
| | CCTV | 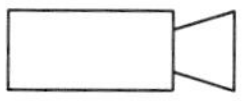 | | | 마이크 잭 (바닥형) | m | |
| | CCTV | 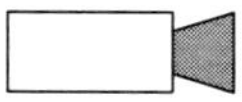 | | 자동방송설비 | 사령원격방송장치 (주장치) | 사령 R | |
| | CCTV (릴레이) | 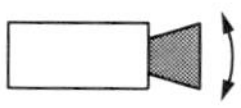 | | | 사령원격방송장치 (자장치) | 사령 R | |
| | CCTV 고정식 | 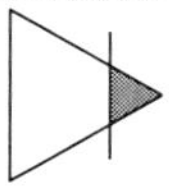 | | | 사령원격방송장치 (운영장치) | 사령 RO | |
| | CCTV 회전식 | 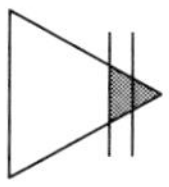 | | 경보설비기기류 | 차동식스포트형 감지기 |  | |
| | 방범감지기 | 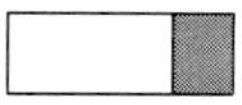 | | | 보상식스포트형 감지기 |  | |
| | CCTV 제어반 | K | | | 정온식스포트형 감지기 |  | |
| | 비상통화장치 (주) | EMR | | | 연기감지기 | S | |
| | 비상통화장치 (자) | EMR | | | 감지선 | 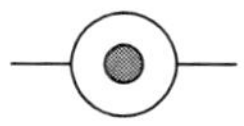 | |
| | 이동화상설비 | RF-MFC | | | 공기관 |  | |
| | 디지털 녹화기 | DVR | | | 열전대 |  | |
| 스피커 | 스피커 천장형 |  | | | 열반도체 |  | |
| | 스피커 벽부형 | 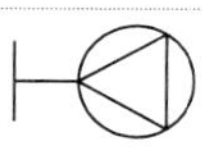 | | | 차동식분포형 감지기의 검출기 |  | |
| | HORN형 스피커 | 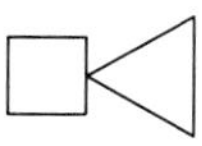 | | | 단독경보형 화재감지기(연기식) | S | |

| 분류 | 명칭 | 기호 | 비고 |
|---|---|---|---|
| 경보설비기기류 | 영상분석식 불꽃감지기 |   | |
| | 영상화재감지기 |   | |
| | 발신기세트 단독형 |   | |
| | 발신기세트 옥내소화전내장형 |   | |
| | 경계구역번호 |  | |
| | 비상용누름버튼 |   | |
| | 비상전화기 |   | |
| | 비상벨 | 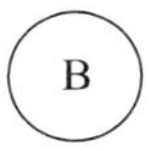  | |
| | 싸이렌 | 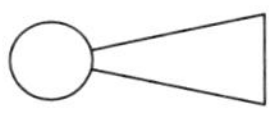 | |
| | 모터싸이렌 | 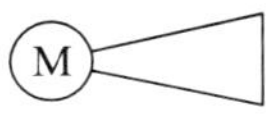  | |
| | 전자싸이렌 | 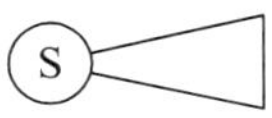  | |
| | 조작장치 | 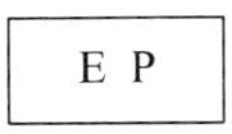  | |
| | 증폭기 |   | |
| | 기동누름버튼 |   | |
| | 이온화식감지기 (스포트형) | 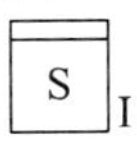  | |
| | 광전식연기감지기 (아날로그) |   | |
| | 광전식연기감지기 (스포트형) | 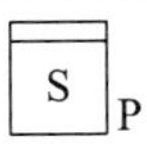  | |
| | 경보부저 |   | |

| 분류 | 명칭 | 기호 | 비고 |
|---|---|---|---|
| 경보설비기기류 | 제어반 | 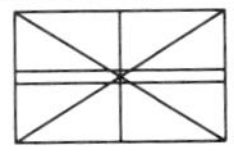 | |
| | 표시반 | 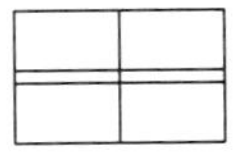 | |
| | 회로시험기 | 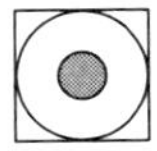 | |
| | 화재경보벨 |   | |
| | 시각경보기 (스트로브) | 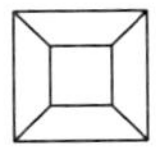 | |
| | 수신기 | 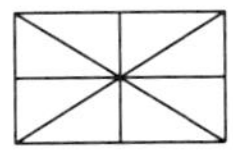 | |
| | 부수신기 | 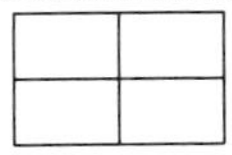 | |
| | 중계기 | 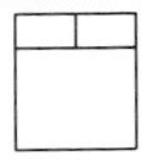 | |
| | 표시등 | 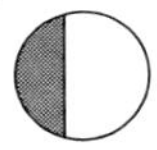 | |
| | 피난구유도등 |  | |
| | 통로유도등 | 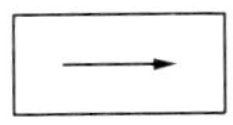 | |
| | 포시판 | 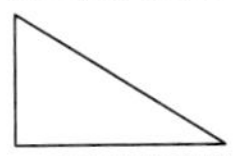 | |
| | 보조전원 | 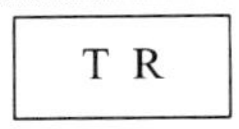  | |
| | 종단저항 |  | |
| 감지기 | 자석감지기 |   | |
| | 동작감지기 | 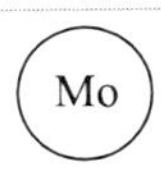  | |
| | 적외선감지기 |   | |
| | 벤트감지기 | 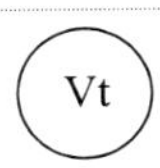  | |

| 분류 | 명칭 | | 기호 | 비고 |
|---|---|---|---|---|
| 감지기 | 가스감지기 | | G | |
| 제연설비 | 수동식제어 | | | |
| | 천장용 배풍기 | | | |
| | 벽부착용 배풍기 | | | |
| | 배풍기 | 일반배풍기 | | |
| | | 관로배풍기 | | |
| | 댐퍼 | 화재댐퍼 | | |
| | | 연기댐퍼 | | |
| | | 화재/연기댐퍼 | | |
| 스위치 | 압력스위치 | | PS | |
| | 탬퍼 스위치 | | TS | |
| 방연·방화문 | 연기감지기(전용) | | S | |
| | 열감지기(전용) | | | |
| | 자동폐쇄장치 | | ER | |
| | 연동 제어기 | | | |
| | 배연창 기동모터 | | M | |
| | 배연창 수동조작함 | | | |
| 피뢰설비 | 피뢰부(평면도) | | | |
| | 피뢰부(입면도) | | | |

| 분류 | 명칭 | 기호 | 비고 |
|---|---|---|---|
| 피뢰설비 | 피뢰도선 및 지붕 위 도체 | | |
| | 접지 | | |
| | 접지저항 측정용단자 | | |
| 소화기류 | ABC 소화기 | 소 | |
| | 자동확산소화기 | 자 | |
| | 자동식소화기 | 소 | |
| | 이산화탄소소화기 | C | |
| | 할로겐화합물 소화기 | | |
| 기타 | 안테나 | | |
| | 스피커 | | |
| | 연기 방연벽 | | |
| | 화재방화벽 | | |
| | 화재 및 연기방벽 | | |
| | 비상콘센트 | | |
| | 비상분전반 | | |
| | 가스계소화설비의 수동조작함 | RM | |
| | 전동기 구동 | M | |
| | 엔진구동 | E | |
| | 배관 행거 | | |

| 분류 | 명칭 | 기호 | 비고 | 분류 | 명칭 | 기호 | 비고 |
|---|---|---|---|---|---|---|---|
| 기타 | 기압계 |  | | 기타 | 노출배선 | ——— | |
| | 배기구 | 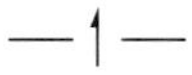 | | | 소화가스 패키지 | PAC | |
| | 바닥 은폐배선 | ------- | | | | | |

# 참고문헌

1. 백동현, 김시국, 소방전기시설론, 동일출판사, 2019.
2. 백동현. 경보 및 보안, 동일출판사, 2018.
3. 이종옥, 신호 및 시스템의 기초, 문운당, 1999.
4. 이양원외 3인, 신호와 시스템, 복두출판사, 1998.
5. 이명섭, 시스템 분석 및 설계, 홍릉과학출판사, 2019.
6. 양원영, 장태규, 신호 및 시스템, 희중당, 1992.
7. 김태윤, 데이터통신과 컴퓨터통신, 집문당, 1997.
8. 이정욱, 유비쿼터스 무선 네트워크, 홍릉과학출판사, 2010.
9. 황인선, 정보통신이론과 활용, 웅보출판사, 2002.
10. 김재진, (알기쉬운)디지털 공학, 월송출판사, 2014.
11. 진년강, 아날로그와 디지털통신, 청문각, 1996.
12. 정용택, 물리보안용 센서의 원리와 응용, 인포더북스, 2012.
13. 권준식외 7인, 디지털 영상처리 이론 및 응용, 홍릉과학출판사, 2002.
14. 장영범, 디지털신호처리, 홍릉과학출판사, 2017.
15. 윤한성, 정보보안과 암호화, 21세기사, 2002.
16. Dr. Rustom Kanga, Ivy Li외 5인, 지능형 영상감시 분석시스템, 인포더북스, 2013.
17. Delton T. Horn 윤갑구, 전자보안시스템, 동일출판사, 1996.
18. Lee F. Richardson, Richard J. Roux, National Fire Alarm and Signaling Code Handbook, NFPA, 2010.
19. 손종현, 백동현, 이의용, CCD카메라를 이용한 화재발생 실시간 추정, 대한전기학회 전기설비부문회 추계학술대회, 2012.
20. 기다리 편집부, 전자통신공학 대계, 도서출판 기다리, 1988.
21. (주)창성에이스산업, IT융합 교육자료, 2013.
22. (주)영국전자, CCTV카메라 교육자료, 2017.
23. Hanil Telecom Co. Ltd, 시스템제안 자료, 2013.

# 찾아보기

(ㅊ)



(ㅋ)



(ㅌ)



(ㅍ)



(ㅎ)



(영문)



(기타)

**백 동 현** 가천대학교 설비소방공학과 교수(공학박사)
한국법안전포럼 상임대표

**김 시 국** 호서대학교 안전소방공학부 교수(공학박사)

**화재신호처리와 보안 응용** **정가 15,000원**

발 행 2021년 3월 10일 초판 1쇄
저 자 백동현 · 김시국
발행인 정우용
발행처 도서출판 **동 화 기 술**
경기도 파주시 광인사길 201(문발동, 파주출판도시)
Tel (031)955-4211~6 donghwapub@nate.com
Fax (031)955-4217 www.donghwapub.co.kr
(등록) 1977년 12월 19일/9-16호


ISBN 978-89-425-9282-1